よくわかる電気機器

第2版

森本 雅之 著

森北出版株式会社

本書で説明しているアラゴーの円板（p.59）の動画は
以下の URL で見ることができます．
https://www.morikita.co.jp/books/mid/074332

改訂にあたって

　本書は 2012 年に出版された大学学部向けの教科書「よくわかる電気機器」を改訂したものである．旧版は従来の伝統的な電気機器の教科書の記述に加えて，パワーエレクトロニクスで構成された電流源で駆動される電気機器も理解できるように，という狙いをもって執筆したものである．その後，パワーエレクトロニクスで駆動される電気機器がますますその数を増してきいる．わずか 8 年の経過であるが，新たに出現した応用機器もある．パワーエレクトロニクスで制御される電気機器の利用は今後もますます増加するものと考えられる．

　今回の改訂においては，2 色印刷を取り入れ，学生諸君が小学校以来の目に馴染んでいる教科書にすることを第一の目的とした．さらに，旧版ではあまり取り上げなかった各種の変圧器についての節を追加している．

　本書により学生諸君の電気機器への理解がより一層深くなることを祈っている．

2020 年 4 月

著　者

はじめに

　私たちの生活と電気エネルギーは，切り離すことのできないほど関わりが深い．その電気エネルギーの半分以上は，電動機（モータ）によって消費されている．また，電気エネルギーを作るには発電機が必要なのである．電動機や発電機などを電気機器とよぶ．電気機器とは，電気エネルギーを利用するために電磁気現象を応用するエネルギー変換機器である．具体的には，次のようなものを電気機器という（図 0.1）．

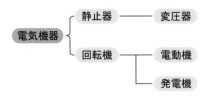

図 0.1　電気機器とは

　この分類をみると，「機」が電動機，発電機など回転するものに使われ，「器」が静止している変圧器に使い分けられていることがわかる．両者を合わせて機器とよんでいるのである．

　多くの電気機器の原型は，19 世紀の終わり頃に発明された．100 年以上前の原型と，現在われわれが利用している電気機器は，電磁気現象を利用するという原理は変わっていない．しかし，100 年の間に確実に進歩している．図 0.2 に示すのは，わが国のあるメーカーが初めて設計製作した電動機から現在のものまで，同出力の製品を年代順に並べたものである．約 100 年の間に大きさが約 1/6 になっている．技術が進歩していることがわかる．しかし，現在の電気機器と，この当時の電気機器の原理はまったく変わっていないのである．

図 0.2　国産電動機の歴史（3.7 kW，4 極電動機の進歩）
（(株)日立産機システムのロビーにて筆者撮影）

　21 世紀になって電気機器が大きく変貌した．それはエレクトロニクスの進歩によって起こった．20 世紀の電気機器は，商用電源を使用して都合よく運転するように作られてきた．つまり，電圧を加えれば動作するという前提に基づいて理論が構築されてきた．しかし，現在使われている電気機器の多くは，電気機器を流れる電流を制御している．つまり，その基本にある使い方が電圧から電流へ変わっているのである．コンピュータの進歩と半導体の進歩により，パワーエレクトロニクスで電流を自由に制御できるようになった．電気エネルギーを効率よく利用するために電流を制御するのである．電気機器はそのためのエネルギー変換を行う役割を果たしている．

　本書では，コンピュータで制御される電気機器に必要とされる基礎理論を述べている．電気機器学は，電気主任技術者資格の認定科目でもあり，多くの大学で開講されている．古くから名著とよばれる教科書も多数存在する．もちろん，電気機器の重要な理論は普遍である．さらに，電気機器の寿命は長いので，数 10 年前に製作された機器が現在も数多く活躍している．そのため本書では，伝統的な技術や考え方も尊重しながら最新の考え方を加えていると考えていただきたい．

　なお，本書は，大学学部 3 年次対象の「電気機器」の半期用教科書として，15 回の講義を想定して構成している．また，各章の演習問題は，筆者の講義では問題として出題し，ある程度の時間自ら考えさせた後に解答を示し，解説した教材が元になっている．本書には諸般の事情から解答をつけたが，本書で学ぶ学生諸君は，演習問題をまず自ら考え解くようにしていただきたい．

2012 年 3 月

著　者

目　次

■記号の説明と定義

記　号	説明と定義
v, i などの小文字斜体	$v(t), i(t)$ など時間で変化する量
$\dot{V}, \dot{I}, \dot{Z}$ など	正弦波交流量 振幅と位相によりフェーザで表すことが可能
ϕ と ψ	ϕ（ファイ）は磁束を表すときに使用する．[Wb] ψ（プサイ，またはプシー）は鎖交する磁束数を表すときに使用する．[Wb]
F	力（機械的，力学的な力）[N]
n	回転数，速度 $[\mathrm{s}^{-1}]$ $[\mathrm{min}^{-1}]^{*}$
ω	角速度 $[\mathrm{rad/s}]^{**}$ 角周波数 $[\mathrm{rad/s}]$
f	周波数 $[\mathrm{Hz}]$　$f = \omega/2\pi$
N	巻数
T	トルク $[\mathrm{N\,m}]$
P	極数

＊ SI 単位系では，回転数（速度）の単位として $[\mathrm{s}^{-1}]$ を使用する．しかし，
　実用的には併用単位の $[\mathrm{min}^{-1}]$ を使うことが多い．

＊＊ 回転数 $[\mathrm{s}^{-1}]$ に $2\pi\,[\mathrm{rad}]$ をかけると角速度となる．

電動機と発電機

　私たちの生活に欠かせない電気エネルギーを作り出す主役が発電機である．また，機械や物を動かして仕事をするためには，電気エネルギーで回転する電動機が必要である．電動機も発電機もエネルギー変換をする機器である．本章では，電動機と発電機とはどのようなものなのかその概要を述べ，さらに，電気機器の基礎となる四つの力について述べる．

1.1　電気エネルギーの利用

　私たちの文明は，エネルギーをいかに利用するかを工夫して発達してきた．たき火の発する熱エネルギーを利用することから始まり，車輪の発明により，大きくて重いものまで運搬できるようになった．蒸気の力を利用することにより大きな力を発生させることもできるようになった．これが蒸気機関である．蒸気機関やエンジンは，熱エネルギーを運動エネルギー（機械力）に変換している．その後，発電機[*1]が発明されることにより，運動エネルギーを電気エネルギーに変換できるようになった．

　いまや私たちの生活の大半は，電気エネルギーを利用することで成り立っている．図 1.1 にわが国の電力の利用状況を示す．発電量の半分以上は，最終的に電動機（モータ）[*2]に使われている．電動機の効率が 1% 上がると，発電所が何箇所も不要になるといわれる．

図 1.1　わが国の電力の利用の内訳（2005 年）

---

*1　本書では，発電機と電動機を区別しないときには両者を合わせて「直流機」，「誘導機」などと総称している．
*2　モータという言葉は学術用語の決まりでは単独では使わず，電動機とよぶことになっている．したがって，本書ではリニアモータのように，外来語をカタカナ表記したときだけモータと表記することとする．

　電気エネルギーを発生させるためには発電機を用いる．さまざまなエネルギー源から運動エネルギー（回転力）を取り出すことができれば，発電機により電気エネルギーに変換できるのである．現在，ほとんどの電気エネルギーは発電機により発電されている．このように，電動機と発電機は，電気エネルギーの利用のために欠かせないものである．

　発電機により電気エネルギーを得るためには，石油，原子力，風力などの1次エネルギーから運動エネルギーを得る必要がある．1次エネルギーを回転運動などの運動エネルギーに変換するものを原動機とよぶ．エンジン，タービン，水車，蒸気機関などはみな原動機である．原動機により得られた回転運動を発電機により電気エネルギーに変換し，電力として利用するのである．このようなエネルギー変換の様子を図 1.2に示す（⚠ 燃料電池や太陽電池は，原動機を使わない発電システムである）．

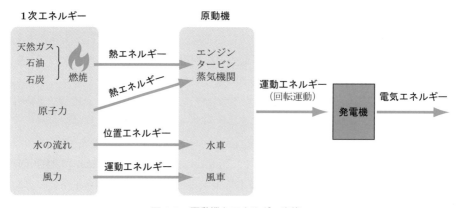

図 1.2　原動機とエネルギー変換

> ◆ POINT
>
> ### エネルギーとは
>
> エネルギー，熱量および仕事量はすべて等価な物理量である．SI（国際単位系）では，エネルギーには次の二つの単位を用いる．
>
> [J]：　運動する物体のもつエネルギーの単位
>　　　　1 J とは 1 N の力で物体を 1 m 動かすのに必要な仕事量である．
>
> [Ws]：電気的に発生するエネルギーの単位
>　　　　1 Ws とは 1 V，1 A の電気が 1 秒間にする仕事量である（電気料金の計算には kWh が使われている）．
>
> このほか慣用的に [cal] が使われる．
>
> [cal]：水の温度変化を基準にした熱量の単位
>　　　　1 cal とは水 1 g を 1℃ 温度上昇させるのに必要な仕事量である．
>　　　　なお，1 cal ≒ 4.2 J である．

1.2　電気機器とは

　これから述べてゆく電気機器とは，電気エネルギーを変換する機器である．しかも電気機器は，磁気エネルギーを介してエネルギー変換を行うという特徴がある．したがって，電磁エネルギー変換機器ともよばれる．

　電気機器には，運動エネルギーを磁気エネルギーを介して電気エネルギーと相互に変換する回転機と，磁気エネルギーを介して電気エネルギーの形態変換を行う静止器がある．これを示したのが図 1.3 である．

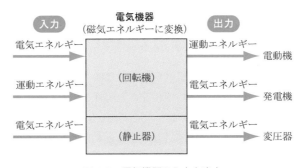

図 1.3　電気機器の入力と出力

　一方，パワーエレクトロニクスは，電気エネルギーの形態を変換して制御する装置である．電気機器とパワーエレクトロニクスを組み合わせることにより，エネルギー変換そのものを制御できるようになる．このような場合，電気機器は単なる電磁エネルギー変換機器ではなく，エネルギーを制御するための機器（アクチュエータ）と考える必要がある．つまり，パワーエレクトロニクスと電気機器を組み合わせれば，エネルギーを制御するシステムが実現するのである．

　近年の電動機の多くは，このようなエネルギーの制御という使い方をされている．図 1.4 に示すように，エネルギー変換制御システムには，機械の状態を調節するための制御入力が与えられる．制御入力とは機械の動きを指令している．これによりパワーエレクトロニクスは，機械を動かすためにふさわしい電力の形態（電圧，周波数など）を電気機器に与える．その結果，機械の動作に必要な運動エネルギーを電動機が発生し，機械が所望の動作を行う．

　このように，現在の電気機器は単なる電磁エネルギー変換機器ではなく，パワーエレクトロニクスと密接に関係したエネルギー制御のための機器なのである．

　21 世紀になり，コンピュータの進歩が後押しして電動機や発電機の利用が拡大してきている．電動機が小型化したため，エレベータやエスカレータがいろいろな場所に

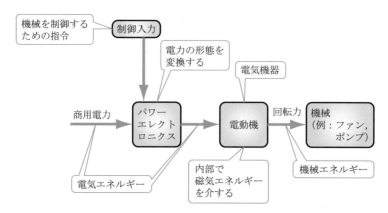

図 1.4 エネルギー変換制御システム（電動機による機械の駆動）

設置されるようになった．自動車に搭載される電動機の数は年々増加し，いまや高級乗用車には 200 台以上の電動機が搭載されている（図 1.5）．船舶ではエンジンで発電機を回して，電動機でプロペラを駆動する電気推進船も増加している（図 6.22，p.128 参照）．携帯電話のバイブレーションも直径約 2 mm の超小型の電動機で分銅を回して振動させている（図 7.26，p.154 参照）．ハイブリッド自動車には，従来の自動車には不要だった電動機と発電機が搭載されている（図 6.26，p.129 参照）．一方，電力用の発電機では発電設備全体の高効率化を図るため，単機容量を年々増加している．すでに 1500 MVA 級の発電機が実用運転されている．

　電気機器は，パワーエレクトロニクスと一体となることにより，エネルギー制御機器となる．今後は省エネルギー，環境のために新たに展開してゆくと考えられる．

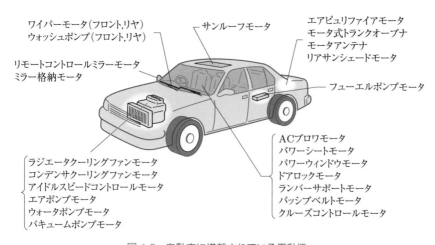

図 1.5 自動車に搭載されている電動機

1.3　電気機器を支配する四つの力

　電気機器は，電磁気現象を利用してエネルギー変換を行う．ここでは，電気機器の基本となる四つの力について述べる．それは，二つの起電力と二つの電磁力である．

1.3.1　変圧器起電力

　コイル（導体）と磁束が鎖のように互いに交差した状態にあるとき，コイルと磁界が鎖交しているという（図 1.6）．コイルと磁束が鎖交しているとき，磁束の大きさが変化するとコイルに起電力が生じる．この現象を電磁誘導という．

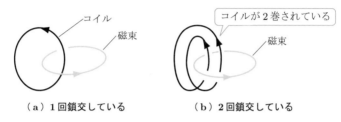

（a）1回鎖交している　　　　　　（b）2回鎖交している

図 1.6　コイルと磁界の鎖交

　電磁誘導によってコイルに生じる起電力を誘導起電力という．誘導起電力の大きさは，磁束の時間的な変化に比例する．これがファラデーの法則である．巻数 N のコイルと鎖交する磁束 ψ が時間 t とともに変化したとき，電磁誘導による誘導起電力 e は次のように表される．

$$e = -\frac{d\psi}{dt} = -\frac{d(N\phi)}{dt} = -N\frac{d\phi}{dt} \quad [\mathrm{V}]$$

コイルと鎖交する総磁束数
1本のコイル（導体）に鎖交する磁束（鉄心内の磁束）
巻数
単位時間あたり

(1.1)

ここで，負の符号は誘導起電力が磁束の変化を妨げるような電流を流す方向に発生することを表している．

　導体（たとえば銅の板）に誘導起電力が発生すると導体の内部を電流が流れる．電流は適当に流れて1周する（図 1.7）．電線ではないので電流の流れる経路は定まらない．これをうず電流という．

　磁束の時間的な変化により生じる電磁誘導は，交流電流により発生する磁界と鎖交するコイルでは必ず発生する．変圧器は交流電流による誘導起電力を利用する．そこで，このような時間変化による起電力を変圧器起電力とよぶ．

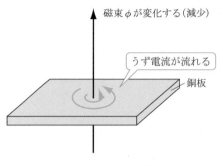

図 1.7　うず電流の発生

1.3.2　速度起電力

　導体が磁界中を運動するとき，導体に起電力が誘導される．磁束密度 B [T] の磁界中を l [m] の導体が磁束を直角に切る方向に v [m/s] の速度で運動するとき，導体に誘導される起電力 e [V] は次のように表される．

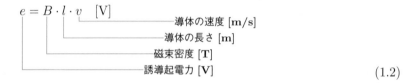

$$e = B \cdot l \cdot v \quad [\mathrm{V}]$$

導体の速度 [m/s]
導体の長さ [m]
磁束密度 [T]
誘導起電力 [V]

$$(1.2)$$

　このときの起電力の方向は，図 1.8 右に示すフレミングの右手の法則で示される．右手の親指，人差し指，中指を互いに直角になるように開き，親指を導体の運動の方向に，人差し指を磁束（磁界）の方向に向けたとき，中指の方向が起電力の方向を示す．このように，運動により誘導される起電力は運動の速度に比例するので，速度起電力とよばれる．

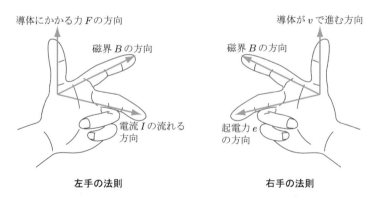

図 1.8　フレミングの法則

1.3.3 電 磁 力

磁界中の導体に電流を流すと，導体に電磁力が働く．磁界の磁束密度を B [T]，電流を I [A] とすると，電磁力 F [N] は次のように表される．

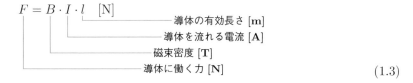

$$F = B \cdot I \cdot l \quad [\text{N}]$$

導体の有効長さ [m]
導体を流れる電流 [A]
磁束密度 [T]
導体に働く力 [N]

(1.3)

このときの電磁力の方向は，図 1.8 左に示すフレミングの左手の法則で示される．左手の親指，人差し指，中指を互いに直角になるように開く．人差し指を磁界の方向に，中指を電流の方向に向けたとき，親指の方向が発生する力の方向を示す．この力は，電流と磁束により発生する力なので電磁力とよぶ．ローレンツ力ともいう．

1.3.4 マクスウェル応力

マクスウェル (Maxwell) 応力は，磁束の分布により発生する電磁力である．図 1.9(a) のように，外部の磁界が一様のとき磁力線は直線で示される．また，電流により発生する磁界の磁力線は同心円状に発生する．2 組の磁力線は電流の左側では互いに逆向きで打ち消しあい，右側では同じ向きなので強めあう．したがって，合成すると図 1.9(b) のように右側へ膨らんで密になる．これが合成磁界である．

このような状態になると磁力線はゴムのように働く．つまり，曲がっている磁力線は，張力でまっすぐになろうとする力（マクスウェルの応力）を発生する．その結果，導体には左向きの力が発生する．

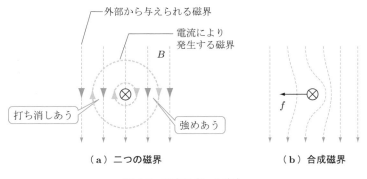

外部から与えられる磁界
電流により
発生する磁界
B
打ち消しあう
強めあう
f

（a）二つの磁界 　　　　　　　　（b）合成磁界

図 1.9　マクスウェル応力

　電気機器では，導体を鉄心[*1]の内部に配置することが多い．このとき，マクスウェル応力により鉄心に力が働く．この力を鉄心トルクとよぶこともある．また，リラクタンストルクともよばれる（第6章参照）．

1.4　インダクタンス

　電気機器は，磁気エネルギーを介してエネルギー変換する．磁気エネルギーはインダクタンスに蓄えられる．本節ではインダクタンスについて述べる．

　いま，図1.10に示すように鉄心（磁性体）に巻線が N 回巻かれているとする．この巻線に電圧 v を印加すると電流 i が流れる．このとき，鉄心中の磁束 ϕ は次のように表せる．

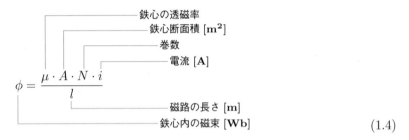

$$\phi = \frac{\mu \cdot A \cdot N \cdot i}{l} \tag{1.4}$$

　電流 i が変化すると磁束 ϕ も変化するので，誘導起電力 e が生じる．なお，誘導起電力は磁束の変化を妨げる方向に電流を流すように生じる逆起電力なので，逆起電力の方向を正としている．

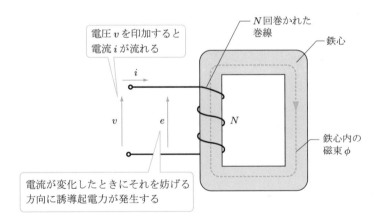

図1.10　鉄心に巻かれた巻線

---

*1　鉄心は鉄などの磁性体で作られ，磁束の通路となる．

$$e = N\frac{d\phi}{dt}$$

鉄心内磁束の時間変化 [**Wb/s**]
巻数
誘導起電力 [**V**]

$$(1.5)$$

式 (1.5) に式 (1.4) を代入すると,

$$e = \frac{\mu \cdot A \cdot N^2}{l} \cdot \frac{di}{dt} \tag{1.6}$$

と表すことができる. このとき

$$L = \frac{\mu \cdot A \cdot N^2}{l} \tag{1.7}$$

とおけば,

$$e = L\frac{di}{dt}$$

自己インダクタンス [**H**]
電流の時間変化 [**A/s**]
誘導起電力 [**V**]

$$(1.8)$$

の関係が得られる. さらに, 巻線に鎖交する総磁束数 ψ は

$$\psi = L \cdot i$$

電流 [**A**]
巻線の鎖交磁束数 [**Wb**]

$$(1.9)$$

となる. このとき, L を自己インダクタンスとよぶ. インダクタンスの単位はヘンリー, 単位記号は [H] である. 1秒間に 1 A の割合で電流を変化させたとき, 1 V の自己誘導起電力を生じるときのコイルの自己インダクタンスを 1 H と定義する.

次に, 二つのコイルのインダクタンスについて述べる. 図 1.11 に示すように一つの鉄心に二つのコイルが巻かれているとする. コイル A に電流 i_A が流れると, それにより鉄心内に磁束 ϕ が生じる. 磁束 ϕ はコイル B と鎖交している. コイル A に流れる電流 i_A が変化したとする. それに応じて磁束 ϕ も変化する. このとき, コイル B には磁束の変化を妨げる方向に誘導起電力 e_B が生じる. この作用を相互誘導作用という. 相互誘導作用による起電力は次のように表される.

$$e_B = M\frac{di_A}{dt} \quad [V]$$

コイル **A** を流れる電流の時間変化 [**A/s**]
相互インダクタンス [**H**]
コイル **B** に誘導される起電力 [**V**]

$$(1.10)$$

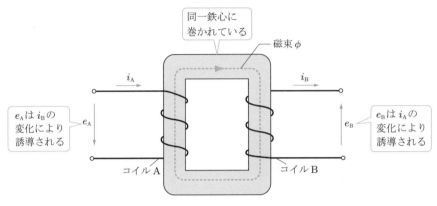

図 1.11　相互誘導作用

$$e_{\mathrm{A}} = M\frac{di_{\mathrm{B}}}{dt}\quad[\mathrm{V}] \tag{1.11}$$

　式 (1.10) は，コイル A を流れる電流が変化したとき，その微分によりコイル B に誘導される起電力が表されることを示している．逆に式 (1.11) は，コイル B を流れる電流が変化したときのコイル A に誘導される起電力を表している．

　ここで，式中の M を相互インダクタンスといい，単位はヘンリー，単位記号は [H] を用いる．相互インダクタンスが 1 H の回路とは，コイル A に 1 秒間に 1 A の電流変化があったとき，コイル B に誘導される起電力が 1 V であるような回路をいう．

　なお，二つのコイルの自己インダクタンス L_{A}，L_{B} と，相互インダクタンス M との間には次の関係がある．

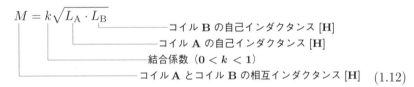

(1.12)

　ここで，k は結合係数とよばれ，コイル A とコイル B との電磁的結合の度合いを表している．$k = 1$ のとき，コイル A とコイル B は理想的に密に結合した状態であるという．

🖉 第 1 章の演習問題

1.1　問図 1.1 に示すように，磁束密度が 0.6 T の磁界中に，長さが 0.5 m の直線導体を磁界の方向と垂直におき，磁界と 60 度の方向に 5 m/s の速度で動かした．このとき，直線導体に誘導される起電力はいくらになるか．

1.2　問図 1.2 に示すように，磁界中に長さ 5 cm の電線を磁界の方向と 45 度におき，これに 10 A の電流を流した．このとき，この電線に働く電磁力を求めよ．ただし，磁束密度は 0.8 T とする．

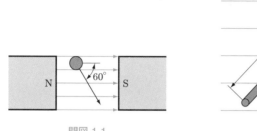

問図 1.1　　　　　　　　　　　　　　　問図 1.2

1.3　コイルに流れる電流が 0.01 秒間に 2 A の割合で一様に変化している．このコイルに 20 V の起電力が誘導されるとすると，このコイルの自己インダクタンスはいくらか．

1.4　A，B 二つのコイルがあり，コイル A の電流が 0.01 秒間に 5 A 変化すると，コイル B に 23 V の電圧が誘導される．このときの相互インダクタンスを求めよ．

1.5　問図 1.3 に示すようなコイルに正弦波交流電圧 v を加えたとき，鉄心中の磁束が

$$\phi = \Phi_\mathrm{m} \cos \omega t \quad [\mathrm{Wb}]$$

で表されるとする．このときコイルに誘導される誘導起電力の実効値 E を求めよ．

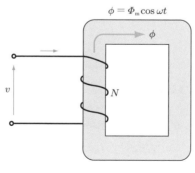

問図 1.3

電 気 機 械

　電気機器の多くは回転機である．回転機は回転する軸が外部の機器とつながっている．また，回転機の内部では磁界が回転している．そこで本章では，まず，回転運動と磁界の回転について説明する．さらに，磁性体の磁化についても述べる．また，電気機器は運転にともない損失が発生し，発熱する．損失については，効率という指標で評価される．本章では，損失と効率についても述べてゆく．

2.1　回転運動とトルク

　回転機の運動を解析[*1]するには，回転運動系を扱う必要がある．直線運動系の場合，運動方程式は

$$F = m\alpha \quad [\text{N}]$$

加速度 $[\text{m/s}^2]$
物体の質量 $[\text{kg}]$
物体に働く力 $[\text{N}]$

(2.1)

である．直線運動では力 F を使って運動を表す．

　回転運動では，直線運動の力に相当するのがトルクである．図 2.1 に示すように電動機の軸にアームを取り付け，その先にはかりをおいて，電動機を回転させようとすると，はかりに力がかかる．このとき，軸とアームがゆるくはめ合わされていて，軸がアームの取り付け部と摩擦しながら回転しているとすると，電動機が発生する力で回転している．

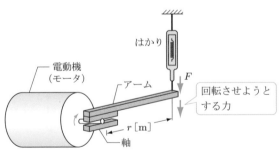

図 2.1　トルクとは

---

*1　現象を数式で表して分析すること．

　この力をはかりで測れば，力の測定はできると考えられる．しかし，はかりの取り付け位置が変わると，すなわちアームの長さが変わると，はかりの読みが異なってくる．てこの原理で，アームの長さとはかりの読みは反比例してしまうからである．そこで，アームの長さ r [m] とはかりの読み F [kgf] の積 $F \cdot r$ を用いることにすれば，取り付け位置に関係なく一定値になる．これをトルクという．はかりの指示値をそのまま用いると重力単位系 [kgf] なので，直接掛け算するとトルクは重力単位系のキログラムメートル重 [kgf m] で表されることになる．トルク T の単位は SI 単位系ではニュートンメートル [N m] であり，次のように表せる．

$$T = F \cdot r \quad [\text{N m}]$$

半径の長さ [m]

力 [N]

トルク [N m]

　　　　　　　　　　　　　　　　　　　　　　　　　　　　　　(2.2)

　1 N m のトルクとは，図 2.1 において，$r = 1$ m のとき 1 N の力がかかる（または $r = 0.5$ m で 2 N の力）ことである．また，1 kgf m のトルクとは，$r = 1$ m で 1 kgf の力がかかることである．なお，重力単位系で表したトルクと SI 単位系で表したトルクには次の関係がある．

$$1 \, \text{kgf m} = 9.8 \, \text{N m}$$

　回転機が単位時間あたりにする仕事をパワーという．単位は [W] である．いま，T [N m] のトルクを出しながら軸が 1 回転することを考える．

　このとき，アームの長さが 1 m のところは，半径 1 m の円周上を T [N] の力で円周の長さ $2\pi \times 1$ m 動いたことになる．

　すなわち，1 周すると $2\pi \times T$ [J] の仕事[*1]をしたことになる．

　1 分間に N 回転したとする．すなわち，N [min^{-1}][*2]で回転を続けたとすれば，1 秒間には $N/60$ [s^{-1}] 回転する．つまり，1 秒間に $\dfrac{N}{60} \times 2\pi$ [m] の距離を動くことになる．

　このときの 1 秒間あたりの仕事量 [J/s] が出力（パワー）P [W] なので，次のようになる．

出力 [W]

トルク [N m]

$$P = \frac{2\pi}{60} \cdot T \cdot N \quad [\text{J/s}] = 0.1047 \, T \cdot N \quad [\text{W}]$$

回転数 [min^{-1}]

　　　　　　　　　　　　　　　　　　　　　　　　　　　　　　(2.3)

[*1] 力学的な仕事 [J] は，力 [N] ×動いた距離 [m] である．電気的な仕事 [J] は，パワー [W] ×時間 [s] である．

[*2] min^{-1} は毎分回転数の単位．以前は [rpm: Revolution Per Minutes] が使われた．

回転数は，実用的には $[\mathrm{min}^{-1}]$ が多く使われているが，角回転数 $\omega\,[\mathrm{rad/s}]$ を用いると出力 $P\,[\mathrm{W}]$ は T と ω の積になる．

$$P = T \cdot \omega$$

角回転数 [rad/s]
トルク [**N m**]
出力 [**W**]

(2.4)

POINT ─────────────────────────────

出力（パワー）（W）は，トルク×角回転数である．

| 2.2 | 三相交流と回転磁界 |

図 2.2 に示すような U 字形の永久磁石を考える．永久磁石の N，S の磁極の周囲の磁界は，空間的に正弦波状に分布していると考える．磁束は N 極から出て S 極にもどる方向が正方向とする．磁界の様子を磁束密度で表したとすると N 極周辺は磁束密度が正であり，S 極周辺は磁界の向きが逆なので負で表される．

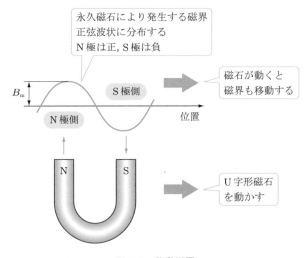

図 2.2　移動磁界

POINT ─────────────────────────────

磁束密度は，向きを表す符号をもつベクトル量なので磁束密度により磁界の様子を表すことができる．

　この永久磁石を左から右に移動させたとする。磁石の動きにつれて正弦波状に分布した磁界も右に移動する。これを移動磁界（進行磁界）という。このように直線的に磁界を移動させて物体を運動させるのがリニアモータの原理である。

　図 2.3(a) に示すように、磁石の N, S 極の中間を中心に回転させるとする。いま角速度 ω [rad/s] で磁石を回転させたとする。磁石は図 2.3(b) に示すように、θ 方向に移動することになる。このとき、磁石の回転にともなって分布している磁界も回転する。時刻の経過とともに磁界の分布も θ 方向に移動する。ある時刻 t [s] での磁束密度は、次のように表される。

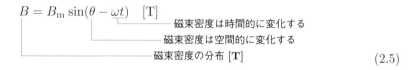

$$B = B_\mathrm{m} \sin(\theta - \omega t) \quad [\mathrm{T}]$$

- 磁束密度は時間的に変化する
- 磁束密度は空間的に変化する
- 磁束密度の分布 [**T**]

$$(2.5)$$

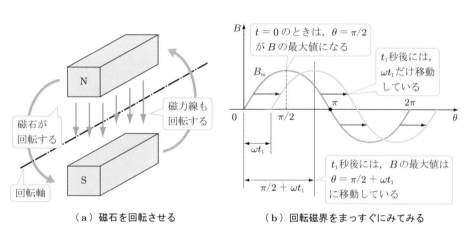

（a）磁石を回転させる　　　（b）回転磁界をまっすぐにみてみる

図 2.3　回転磁界とは

POINT

回転磁界は時間（t）とともに位置（θ）が変化して回転する。

この式は、磁束密度が空間的に正弦波状に分布しており、時刻 t に応じて分布の位置が移動することを示している。つまり、$t = 0$ のとき正弦波の最大値 B_m は $\theta = \pi/2$ [rad] $= 90$ 度の位置にある。しかし、t_1 秒後には、正弦波の最大値 B_m は $\theta = \pi/2 + \omega t_1$ [rad] の位置に移動する。時間 t に応じて最大値 B_m の位置 θ も変化する。つまり、回転するのである。式 (2.5) のように表される磁界を回転磁界とよぶ。

POINT

ωt は時間経過による位相の変化を表す．θ は位置を表す．式 (2.5) は，一つの式で時間の経過とともに位置が移動することを表している．

次に三相コイルに三相交流電流を流すと回転磁界が生成される原理を説明しよう．いま，図 2.4 のような三相コイルを考える．a，b，c 相のコイルはそれぞれ空間的に $2\pi/3$ [rad]（120 度）ずつ離れて配置されている．各相のコイルには三相交流電流が流れているとする．なお，コイル方向は図のように $\otimes$ は紙面に向かって流れ込み，$\odot$ は電流が紙面から出てゆく．

このとき，各相コイルによって図 2.4 の θ の位置に生じる磁束密度は，それぞれ次のようになる．ここでは a–a$'$ を基準とする．

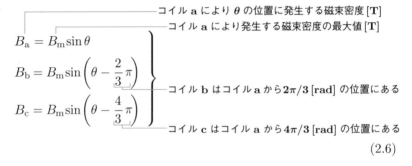

$$B_{\mathrm{a}} = B_{\mathrm{m}} \sin \theta$$
$$B_{\mathrm{b}} = B_{\mathrm{m}} \sin \left(\theta - \frac{2}{3}\pi \right)$$
$$B_{\mathrm{c}} = B_{\mathrm{m}} \sin \left(\theta - \frac{4}{3}\pi \right)$$

コイル **a** により θ の位置に発生する磁束密度 [T]
コイル **a** により発生する磁束密度の最大値 [T]
コイル **b** はコイル **a** から $2\pi/3$ [rad] の位置にある
コイル **c** はコイル **a** から $4\pi/3$ [rad] の位置にある

$$(2.6)$$

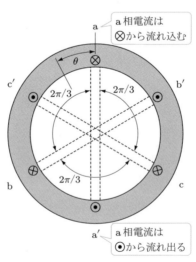

図 2.4　三相巻線

POINT

三つのコイルは，空間的に $2\pi/3$ [rad]（120 度）ずつ離れているので，それにより生じる磁界も空間的に $2\pi/3$ [rad] ずつ離れている．

この式は，θ の位置の磁束密度は，θ とそれぞれのコイルとの位置関係から決まることを示している．一方，各コイルの磁束密度は，各コイルを流れる電流により発生する．コイルに流れる三相交流電流を次のように表す．

$$
\left.
\begin{aligned}
i_\mathrm{a} &= I_\mathrm{m} \cos \omega t \\
i_\mathrm{b} &= I_\mathrm{m} \cos \left(\omega t - \frac{2}{3}\pi\right) \\
i_\mathrm{c} &= I_\mathrm{m} \cos \left(\omega t - \frac{4}{3}\pi\right)
\end{aligned}
\right\}
$$

コイル a を流れる電流

コイル a より位相が $2\pi/3$ [rad] 遅れている

コイル a より位相が $4\pi/3$ [rad] 遅れている

(2.7)

 POINT

三相交流電流は，互いに $2\pi/3$ [rad]（120 度）ずつ位相が異なる．

コイルの位置が，式 (2.6) のように空間的に分布しているので，式 (2.7) の電流により生じる磁束密度は次のように表される．

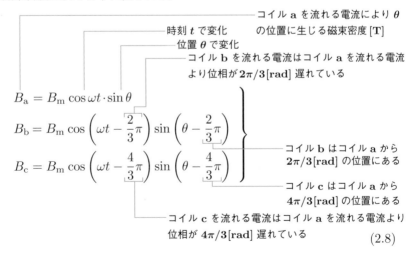

$$
\begin{aligned}
B_\mathrm{a} &= B_\mathrm{m} \cos \omega t \cdot \sin \theta \\
B_\mathrm{b} &= B_\mathrm{m} \cos \left(\omega t - \frac{2}{3}\pi\right) \sin \left(\theta - \frac{2}{3}\pi\right) \\
B_\mathrm{c} &= B_\mathrm{m} \cos \left(\omega t - \frac{4}{3}\pi\right) \sin \left(\theta - \frac{4}{3}\pi\right)
\end{aligned}
$$

(2.8)

ここで，B_m は各相の磁束密度の最大値とする．

各巻線が発生する磁束密度は空間的位置 θ と時間 t によっても変化する．各巻線が発生する磁束密度の合成である B は次のように各相の磁束密度の和になる．

$$B = B_a + B_b + B_c$$

$$= \frac{3}{2} B_m \sin(\underline{\theta - \omega t})$$

時刻 t に応じて位相 θ が変化する＝回転している

(2.9)

この式は，$2\pi/3$ [rad] 間隔で配置された三相コイルの発生する磁束密度は大きさが各相の磁束密度の 3/2 倍であり，空間的には角速度 ω で回転する正弦波であることを示している（なお，式 (2.9) の導出は演習問題 2.3 で行う）．

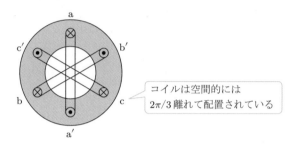

コイルは空間的には $2\pi/3$ 離れて配置されている

（a）コイルの配置

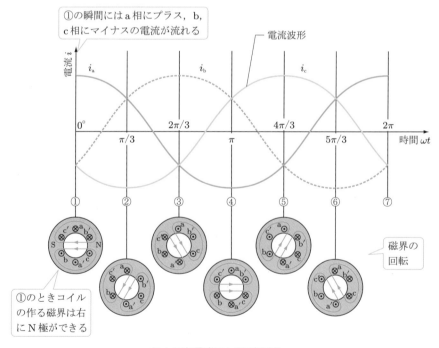

①の瞬間には a 相にプラス，b，c 相にマイナスの電流が流れる

電流波形

①のときコイルの作る磁界は右に N 極ができる

磁界の回転

（b）三相電流による回転磁界

図 2.5　三相交流電流による回転磁界

　回転磁界を図式的に説明する．図 2.5(a) のコイルに三相交流電流を流したときの合成磁界の時間的な変化を図 (b) に示す．各相巻線に電流が流れると，コイルと直角方向に磁束が生じる．そのため，各相の磁束の方向は $2\pi/3$ 間隔で，図 (b) に示すような方向となる．図 (b) で時刻①のとき a 相電流 i_a は最大値である．このとき，i_b,i_c はともに $-1/2$ である．三つの磁束を合成した合成磁束はコイル a を貫く方向を向くことがわかる．同様に，時刻②では合成磁束はコイル c を貫く方向，時刻③ではコイル b を貫く負方向となる．合成磁界は，反時計回りに回転していることがわかる．このように，三相交流電流を用いることにより回転磁界を発生することができる．

2.3　磁化現象

　電気機器は磁気現象を利用している．そのため，磁束の通路として磁性体を用いる．磁束の通路として用いられる磁性体は鉄心とよばれる．

　鉄などは磁化される性質があるので磁性体である．磁化現象には量子力学的な説明が必要であるが，わかりやすく説明するのに分子磁石説を利用することができる．

　図 2.6(a) に示すように，物質中に不規則に並んでいる分子サイズの小さな磁石を考える．これを分子磁石とよぶ．分子磁石は，外部の磁界を加えることによって図 (b),(c) のように次第に一方向に規則的に配列される．分子磁石の方向が揃うということは，この物質が強い磁石になってゆくことになる．これが磁化されるということである．しかし，図 (c) のようにすべての分子磁石が同方向に配列されてしまうと，それ以上の大きさの磁界を加えても磁石の強さは変化しなくなる．このような状態が磁気飽和である．

分子磁石

|（a）不規則に
　　並んでいる|（b）外部の磁界により
　　方向が揃ってくる|（c）すべての方向が
　　同一になる|

図 2.6　磁化現象（分子磁石説）

　磁化力とは，物体を磁化する磁界の強さである．図 2.7 のように，環状鉄心の一部にコイルを N 回巻いて電流 I [A] を流すと鉄心は磁化され，鉄心の中は一様な磁界 H [A/m] となる．鉄心内の磁路の長さを l [m] とすると，アンペアの法則[*1]から次式が成り立つ．

[*1]　電流の流れている導体を取り囲むように磁界の強さの等しい経路 l [m] を一回りしたとき，電流によってできた磁界の強さ H [A/m] と電流 I [A] との間には，アンペアの法則とよばれる関係がある．$H = I/l$.

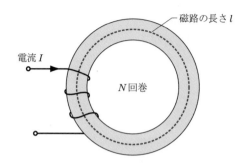

図 2.7　環状鉄心に巻かれたコイル

$$Hl = N \cdot I$$

電流 [A]
巻数
磁路の長さ [m]
磁界の強さ [A/m]

(2.10)

したがって磁界の強さは次の式で示される.

$$H = \frac{N \cdot I}{l} \quad [\mathrm{A/m}]$$

磁界の強さ [A/m]

(2.11)

ここで，電流 I を増加させてゆくと，磁界の強さ $H\,[\mathrm{A/m}]$ は増加する．このとき，鉄心内の磁束密度 $B\,[\mathrm{T}]$ は，図 2.8 のように変化する．磁界の強さが小さいうちは磁界の強さに応じて磁束密度が増加するが，磁界の強さがある程度以上に大きくなると，磁束密度 B はあまり増加しなくなり，飽和の状態を示すようになる．飽和に至る磁化の過程を示した図 2.8 を磁化曲線または $B\text{--}H$ 曲線あるいは磁気飽和曲線という．

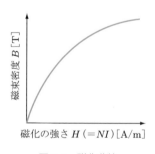

図 2.8　磁化曲線

磁界の強さ H を $+H_{\mathrm{m}}$ から $-H_{\mathrm{m}}$ までの間で交互に変化させると，磁束密度 B は図 2.9 のような曲線を描く．この曲線をヒステリシス曲線という．図において，$H = 0$ のときの B_{r} を残留磁束密度，$B = 0$ のときの H_{c} を保磁力という．この H_{c} が大きい

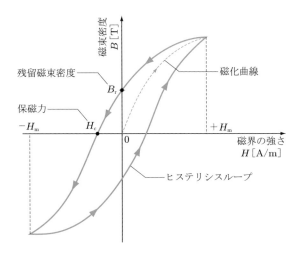

図 2.9 ヒステリシス曲線

物質は強磁性体とよばれる．永久磁石は強磁性体である．また，鉄などの H_c がそれほど大きくない物質は軟磁性体とよばれる．

磁界の強さ $H\,[\mathrm{A/m}]$ と磁束密度 $B\,[\mathrm{T}]$ との間には次の関係がある．

$$B = \mu H$$

磁界の強さ $[\mathrm{A/m}]$
透磁率 $[\mathrm{H/m}]$
磁束密度 $[\mathrm{T}]$

$$(2.12)$$

ここで，μ は透磁率とよばれ，磁束の通しやすさを表す．透磁率の単位には $[\mathrm{H/m}]$ または $[\mathrm{N/A^2}]$ を用いる．媒質の透磁率 μ が真空の透磁率 μ_0 と比較して何倍になるかを比透磁率 μ_s で表す．

$$\mu = \mu_0 \cdot \mu_s$$

比透磁率
真空の透磁率 $(= 1.26 \times 10^{-6}\,\mathrm{N/A^2})$[*1]
媒質の透磁率 $[\mathrm{H/m}]$

$$(2.13)$$

磁束の通りにくさを表すのが磁気抵抗 R_m である．磁気抵抗 R_m は次のように求めることができる[*2]．

$$R_m = \frac{l}{\mu A}$$

磁路の長さ $[\mathrm{m}]$
磁路の断面積 $[\mathrm{m^2}]$
透磁率 $[\mathrm{H/m}]$
磁気抵抗 $[\mathrm{A/Wb}]$

$$(2.14)$$

---

*1 従来は $4\pi \times 10^{-7}\,\mathrm{H/m}$ とされていたが，2021 年の SI 定義改定で変更された．
*2 磁気抵抗はリラクタンスとよばれる．磁気抵抗の逆数はパーミアンスとよばれる．

　磁気抵抗 R_m [A/Wb] は，電気回路の抵抗と同様に，磁気回路では直列または並列に合成することができる.

2.4　効　率

2.4.1　銅　損

　電気機器は，巻線に電流を流すことが基本である．巻線には抵抗の小さい銅線やアルミ線を用いる．しかし，それでも抵抗があるので，電流を流すとジュール熱が発生する．ジュール熱は次のように表される.

$$P_c = I^2 r$$

　導体の抵抗 [Ω]
　電流 [A]
　銅損 [W] 　　　　　　　　　　　　　　　　　　　　(2.15)

　導体に電流が流れることにより熱を発生するときの消費電力は電気機器の損失となる．このような損失を銅損とよぶ.

　物質の抵抗率は温度により変化する．銅損を評価するためには，導体の温度を決める必要がある．そこで，次に示すように抵抗値の温度換算を行う．t [℃] で測定した抵抗値（実測値）を基準温度の T [℃] の基準抵抗値に換算する.

$$r_T = r_t \cdot \frac{235 + T}{235 + t}$$

　基準温度 [℃]
　測定時の温度 [℃]
　測定した抵抗 [Ω]
　基準抵抗 [Ω] 　　　　　　　　　　　　　　　　　　(2.16)

ここで，r_T は基準温度 T [℃] のときの基準抵抗値，r_t は t [℃] での実測値である．なお 235 は銅の場合の係数であり，銅以外の材料の場合，その材料による係数を用いる必要がある.

2.4.2　鉄　損

　磁性体には磁束により生じる電力の損失がある．これを鉄損とよぶ．図 2.9 に示したヒステリシスループで囲まれる部分の面積が損失に相当する．ヒステリシスループを描くときには，磁界の方向が変化する．これにより生じる損失をヒステリシス損失という.

　磁性体内部の磁束の変化により電磁誘導による起電力が生じるが，磁性体が導電性だと磁性体内部にうず電流が流れる．うず電流が流れると，磁性体の抵抗によりジュー

ル熱を発生する．これをうず電流損失という．

　鉄損は，うず電流損失とヒステリシス損失からなり，次のように表される．

$$P_\mathrm{i} = P_\mathrm{h} + P_\mathrm{e} = K_\mathrm{h} f B_\mathrm{m}{}^{1.6} + K_\mathrm{e} f^2 B_\mathrm{m}{}^2$$

うず電流損失（$K_\mathrm{h} f B_\mathrm{m}{}^{1.6}$ の $K_\mathrm{e} f^2 B_\mathrm{m}{}^2$ 部分を示す矢印）

最大磁束密度 [T]

周波数 [Hz]

鉄損（P_i）

ヒステリシス損失（P_h）

(2.17)

ここで，K_h はヒステリシス損失係数，K_e はうず電流損失係数とする．

POINT

鉄損には，ヒステリシス損失とうず電流損失がある．

　うず電流損失を小さくするために，鉄心には積層構造を用いる．図 2.10 に示すように，互いに絶縁された薄い鉄板を磁束の向きと平行になるように積層する．これにより磁束と直角方向にうず電流が流れる経路が短くなり，うず電流損失が低下する．

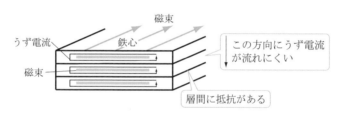

図 2.10　積層鉄心

2.4.3　効　率

　電気機器はエネルギー変換を行う機器である．入力したエネルギーをどの程度有効に変換して出力できるかを示すのに効率が使われる．効率 η は入力 P_in に対する出力 P_out の比率である．入力は出力と損失 P_loss の合計である．

$$\eta = \frac{P_\mathrm{out}}{P_\mathrm{in}} \times 100 = \frac{P_\mathrm{out}}{P_\mathrm{out} + P_\mathrm{loss}} \times 100 \quad [\%]$$

損失 [W]

出力 [W]

入力 [W]

(2.18)

入力，出力は電気エネルギーまたは機械エネルギーである．

POINT

効率は，入力と出力の比率である．

　実際に入力，出力を測定して求めた効率を実測効率という．大型機など実測が難しい場合は規約効率が用いられる．規約効率は，損失を計算により求めて効率を算定したものである．

　効率と損失の関係を図 2.11 に示す．回転機の場合，銅損，鉄損のほかに機械損がある．機械損には軸受けの摩擦，運動の空気抵抗（風損）などがある．このほか，機器の種類によっては励磁回路の入力電力なども損失に算定することがある．

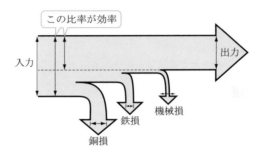

図 2.11　損失と効率

第 2 章の演習問題

2.1　静止している 7 kg の物体に 3 N の力を与えたときの加速度を求めよ．なお，物体と置かれている面との間に摩擦はないものとする．

2.2　電動機の出力が 3.7 kW，回転数が 1710 min^{-1} のときの電動機の発生トルクを求めよ．

2.3　三相巻線の発生する各相の磁束密度が次に示す式 (2.8) のように表されるとき，

$$B_{a} = B_{m} \cos \omega t \cdot \sin \theta$$
$$B_{b} = B_{m} \cos \left(\omega t - \frac{2}{3} \pi \right) \sin \left(\theta - \frac{2}{3} \pi \right)$$
$$B_{c} = B_{m} \cos \left(\omega t - \frac{4}{3} \pi \right) \sin \left(\theta - \frac{4}{3} \pi \right)$$

(2.8) 再掲

三相分を合成して

$$B = B_{a} + B_{b} + B_{c}$$

としたとき，回転磁界を表す次式が得られることを各自計算せよ．

$$B = \frac{3}{2} B_{m} \sin(\theta - \omega t)$$

2.4　ある電動機の運転終了後の巻線抵抗を測定したところ 1.437 Ω であった．この電動機の 20℃ における基準抵抗値は 1.114 Ω である．運転終了後の巻線温度を求めよ．

2.5　定格出力 5 kW の電動機の定格運転時の入力を測定したところ 5234 W であった．この電動機の効率を求めよ．

変 圧 器

変圧器とは，交流電力の電圧および電流を異なる電圧および電流に変換するものである．変圧器の出力する電流，電圧は入力した電流，電圧と同一の周波数である．変圧器は電磁誘導による起電力（変圧器起電力）のみを利用している．電気機器を学ぶ手はじめとして，まず変圧器について学んでゆく．

3.1　変圧器の原理と理想変圧器

変圧器とは，鉄心に二つ以上の巻線を巻き，電磁誘導による起電力を利用する機器である．変圧器の原理図を図 3.1 に示す．ロの字形の鉄心に二つの巻線が巻かれている．それぞれ 1 次巻線と 2 次巻線とよぶ．1 次巻線の巻数を N_1，2 次巻線の巻数を N_2 とする．このとき，次のような仮定をする．

(1) 鉄心の透磁率は無限大である．つまり，磁束はすべて鉄心の内部を通る．

(2) 鉄心の透磁率が無限大なので，磁束を発生させるための電流は流れていない[*1]．

(3) 巻線には抵抗がない．

(4) 鉄心内では損失が発生しない．

このような仮定をした変圧器を理想変圧器という．

いま，交流電圧 v_1 [V] を 1 次巻線に印加する．このとき鉄心内に発生する磁束を

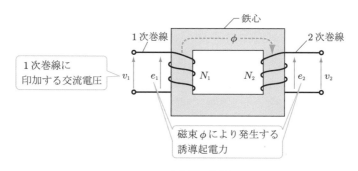

図 3.1　変圧器の原理

[*1] 磁束を発生させるための起磁力に相当する電流は不要という意味で，巻線には電流は流れている．あくまで仮定である．

ϕ [Wb] とする．発生した磁束は 1 次巻線と鎖交している．鎖交している磁束は交流電流により発生したものであり，時間的に変動している．つまり，電磁誘導を生じさせる $\dfrac{d\phi}{dt}$ がゼロでない．そのため，1 次巻線には印加した電圧とは別に電磁誘導により起電力が生じる．これを誘導起電力 e_1 [V] とする．このとき，与えられた端子電圧 v_1 と発生する誘導起電力 e_1 は等しい．

$$v_1 = e_1$$

誘導起電力 [V]

端子電圧 [V]

(3.1)

いま，鉄心内の磁束が ϕ [Wb] で，1 次巻線は N_1 巻しているので，1 次巻線に鎖交する磁束数 ψ_1 は，

$$\psi_1 = N_1\phi$$

鉄心内の磁束 [Wb]

1 次巻数

1 次巻線と鎖交する磁束数 [Wb]

(3.2)

である．したがって，電磁誘導による起電力は鎖交している磁束数の時間変化に比例するので，

$$e_1 = N_1\frac{d\phi}{dt} = \frac{d\psi_1}{dt}$$

鎖交磁束数の時間的な変化 [Wb/s]

誘導起電力 [V]

(3.3)

と表すことができる．

> **POINT**
>
> 1 次巻線は N_1 巻しているので，1 次巻線を鎖交する磁束数は鉄心内の磁束の N_1 倍になる．

　鉄心内の磁束 ϕ は 2 次巻線とも鎖交している．そのため，2 次巻線にも誘導起電力 e_2 [V] が生じる．2 次巻線の巻数を N_2，端子電圧を v_2 とすると，1 次巻線と同様に，1 次巻線に流れた電流により 2 次巻線にも誘導起電力 e_2 が発生する．このとき，誘導起電力 e_2 と 2 次巻線端子電圧 v_2 は等しい．

$$v_2 = e_2 \tag{3.4}$$

2 次巻線に鎖交する磁束数 ψ_2 は

$$\psi_2 = N_2\phi \tag{3.5}$$

したがって

$$e_2 = N_2 \frac{d\phi}{dt} = \frac{d\psi_2}{dt}$$

鎖交磁束の時間変化 [Wb/s]

2 次巻数

2 次巻線の誘導起電力 [V]

(3.6)

となる.

式 (3.1)〜(3.6) を使って e_1 と e_2 の関係を求めてみると，次のようになる.

$$\frac{e_1}{e_2} = \frac{v_1}{v_2} = \frac{N_1}{N_2} = a$$

巻数比

電圧比

(3.7)

式 (3.7) に示す a を巻数比とよぶ. 巻数比は変圧器の基本的な定数である.

POINT

電圧の比率は，巻数の比率である.

次に，変圧器に交流電源と負荷を接続してみよう．図 3.2 に示すように，変圧器の 1 次巻線に交流電圧源 $\dot{V}_1$ [V] を接続する．2 次巻線には負荷インピーダンス $\dot{Z}_L = R + jX$ [Ω] を接続する．このとき負荷インピーダンスを流れる電流を 2 次電流とよび，次のように表すことができる.

2 次交流電圧 [V]

$$\dot{I}_2 = \frac{\dot{V}_2}{R + jX}$$

負荷インピーダンス [Ω]

2 次交流電流 [A]

(3.8)

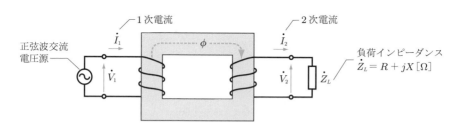

図 3.2　負荷と接続した変圧器

このとき，$\dot{I}_2$ が流れても式 (3.1), (3.3) が成立するので鉄心内の磁束 ϕ は変化しない．つまり，同一の磁束に二つの巻線が鎖交しているので，二つの巻線の起磁力の和はゼロとなる．したがって，1 次巻線と 2 次巻線の起磁力は次のように表される.

$$N_1 \dot{I}_1 = N_2 \dot{I}_2$$

└─────────────── 2 次巻線の起磁力 [A]
└──────── 1 次巻線の起磁力 [A]   (3.9)

POINT
起磁力は，巻数×電流である.

これより，1 次電流と 2 次電流の関係を求めると，次のようになる.

$$\frac{\dot{I}_1}{\dot{I}_2} = \frac{N_2}{N_1} = \frac{1}{a}$$

└───────── 変流比
└──────── 電流比   (3.10)

1 次電流と 2 次電流の関係は巻数比の逆数で表される．$1/a$ は電流の比率を示すので変流比とよばれる.

POINT
電流の比率は，巻数比の逆数である.

図 3.2 の負荷インピーダンスについて，次のオームの法則が成立する.

$$\dot{V}_2 = \dot{Z}_L \dot{I}_2 \tag{3.11}$$

この式の両辺を a 倍し，変流比 $1/a$ を使って表すと次のようになる.

$$(a\dot{V}_2) = (a^2 \dot{Z}_L)\left(\frac{\dot{I}_2}{a}\right)$$

└─────────── $a^2 \times \dfrac{1}{a}$ をかける
└────── a 倍する   (3.12)

式を整理すると，次式が得られる.

$$\dot{V}_1 = (a^2 \dot{Z}_L)\dot{I}_1$$

└─────────── 1 次電流 [A]
└──────── Z_L の a^2 倍 [Ω]
└────── 1 次電圧 [V]   (3.13)

POINT
2 次側の負荷は，$\dot{V}_1, \dot{I}_1$ に対しては a^2 倍に作用する.

式 (3.13) の関係を用いると，図 3.3 のような変圧器のない回路と考えることができる．つまり，この回路は変圧器の巻線を描かなくても変圧器の動作状態を示していることになる．図 3.3 より，2 次巻線を流れる電流は 1 次巻線を流れる電流と同一である．1 次巻線と 2 次巻線の端子電圧も同一である．負荷インピーダンスを a^2 倍することによって，二つの巻線の機能を表すことができるようになる．すなわち，これは変圧器の動作を等価に表している回路である．この回路を理想変圧器の等価回路とよぶ．

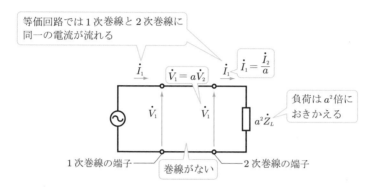

図 3.3　理想変圧器の等価回路

POINT

理想変圧器では $V_1 I_1 = V_2 I_2$ が成り立つ．

3.2　実際の変圧器と等価回路

実際の変圧器では，理想変圧器を検討するときに用いた仮定が成り立たない．すなわち，鉄心の透磁率は無限大ではなく有限の値である．透磁率が有限だと磁束も有限となり，インダクタンスを考える必要がある[*1]．しかも巻線には抵抗がある．そのためジュール熱が発生する．さらに鉄損も発生する．そこで，ここではこのような実際の変圧器について解析してゆく．

3.2.1　磁束とインダクタンス

実際の変圧器で使っている鉄心の比透磁率は数 100〜1000 程度である．そのため磁束の一部は鉄心の中を通らず，外部に漏れる．その様子を図 3.4 に示す．

---

*1　インダクタンス L は $\phi = LI$ で定義される．透磁率を無限大と考えると，磁束またはインダクタンスは無限大となってしまう．

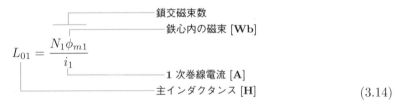

ϕ_{m1}（鉄心の中を通る主磁束）

ϕ_{m2}（鉄心の中を通る主磁束）

i_1

i_2

ϕ_{l1}

ϕ_{l2}

2 次巻線と鎖交
しない漏れ磁束

1 次巻線と鎖交
しない漏れ磁束

（a）i_1 だけ流れる場合

（b）i_2 だけ流れる場合

図 3.4　漏れ磁束

図 3.4(a) では 1 次巻線に電流 i_1 が流れ，2 次巻線に電流が流れていない状態を示す．磁束 ϕ_{m1} は鉄心の中を通り，2 次巻線と鎖交している．これを主磁束という．主磁束は 1 次巻線，2 次巻線とも鎖交しているので，両方の巻線に誘導起電力が生じる．

一方，1 次巻線とは鎖交しているが鉄心の外部の空気中を通ってしまうので，2 次巻線とは鎖交しない磁束 ϕ_{l1} が存在する．このような磁束を漏れ磁束という．漏れ磁束は 1 次巻線にのみ鎖交しているので，1 次巻線にのみ誘導起電力が発生する．図 3.4(b) は 2 次巻線だけ電流 i_2 が流れている場合を示している．図 3.4(a) と同様に，主磁束 ϕ_{m2} と漏れ磁束 ϕ_{l2} がある．

磁気飽和がないと仮定した場合，磁束数は電流に比例する[*1]．そこで，それぞれの磁束をインダクタンスに対応させて表すことができる．1 次漏れ磁束 ϕ_{l1} に対応するインダクタンスとして 1 次漏れインダクタンス l_1 [H]，2 次漏れ磁束 ϕ_{l2} に対応する 2 次漏れインダクタンス l_2 [H] を考える．

主磁束 ϕ_{m1} に対応するインダクタンスを 1 次主インダクタンスとする．1 次主インダクタンスは

鎖交磁束数
鉄心内の磁束 [Wb]

$$L_{01} = \frac{N_1 \phi_{m1}}{i_1}$$

1 次巻線電流 [A]
主インダクタンス [H]

(3.14)

と表される．

[*1] 磁気飽和がないと仮定すると $B = \mu H$ の関係に示すように，磁束数は磁界の強さ H，すなわち電流に比例する．

　図 3.4(a) では，1 次巻線のみ電流が流れているので，1 次巻線の鎖交磁束数 ψ_1 [Wb] は，次のように表すことができる．

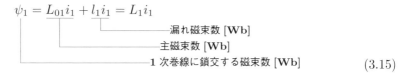

$$\psi_1 = L_{01}i_1 + l_1 i_1 = L_1 i_1$$

漏れ磁束数 [**Wb**]

主磁束数 [**Wb**]

1 次巻線に鎖交する磁束数 [**Wb**]

(3.15)

POINT

インダクタンス×電流は，磁束を表す．

ここで，L_1 は 1 次巻線の自己インダクタンス [H] を表し，

$$L_1 = L_{01} + l_1$$

漏れインダクタンス [**H**]

主インダクタンス [**H**]

1 次巻線の自己インダクタンス [**H**]

(3.16)

である．

POINT

主インダクタンスと漏れインダクタンスの和が，自己インダクタンスである．

　主磁束 ϕ_{m1} は鉄心中を流れるので，2 次巻線とも鎖交する．2 次巻線と鎖交する磁束数 ψ_2 は

$$\psi_2 = -N_2\phi_{m1} = -\frac{N_2\phi_{m1}}{i_1}i_1 = -Mi_1$$

1 次電流 [**A**]

相互インダクタンス [**H**]

1 次電流により 2 次巻線に鎖交する磁束数 [**Wb**]

(3.17)

となる．ここで，磁束数に（−）がつくのは，主磁束 ϕ_{m1} の方向と 2 次巻線鎖交磁束の方向を逆に定義しているためである．また，ここで用いた

鎖交磁束数 [**Wb**]

$$M = \frac{N_2\phi_{m1}}{i_1} \quad [\text{H}]$$

1 次電流 [**A**]

相互インダクタンス [**H**]

(3.18)

を相互インダクタンスとよぶ．

　図 3.4(b) に示した i_2 だけ流れる場合も同様に次のようになる．

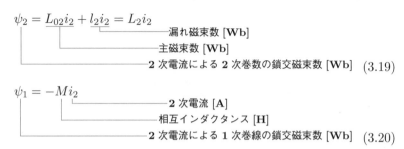

$$\psi_2 = L_{02}i_2 + l_2i_2 = L_2i_2$$

漏れ磁束数 [Wb]

主磁束数 [Wb]

2 次電流による 2 次巻数の鎖交磁束数 [Wb]　(3.19)

$$\psi_1 = -Mi_2$$

2 次電流 [A]

相互インダクタンス [H]

2 次電流による 1 次巻線の鎖交磁束数 [Wb]　(3.20)

ここで，L_2 は 2 次巻線の自己インダクタンスであり，M は相互インダクタンスである．

二つの巻線に電流 i_1, i_2 が流れている場合の磁束，および電磁誘導による起電力の様子を図 3.5 に示す．このとき，次の式のような関係になる．

$$\psi_1 = L_{01}i_1 + l_1i_1 - Mi_2 = L_1i_1 - Mi_2$$

2 次電流があるときの
1 次巻線に鎖交する
磁束数 [Wb]

相互インダクタンスによる磁束数の
減少 [Wb]

自己インダクタンスによる磁束数 [Wb]

(3.21)

$$\psi_2 = L_{02}i_2 + l_2i_2 - Mi_1 = L_2i_2 - Mi_1 \tag{3.22}$$

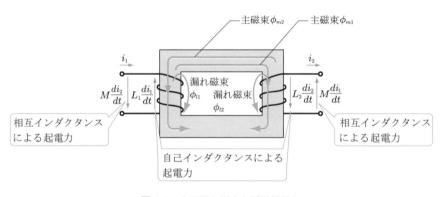

図 3.5　変圧器と磁束と誘導起電力

POINT

磁束は，自己インダクタンスと相互インダクタンスにより表される．

ここで，図 3.6 のように，主インダクタンスおよび相互インダクタンスを鉄心の透磁率 μ, 断面積 A, 磁路の長さ l を用いて表してみよう．1 次巻線のみ電流が流れているとすると，

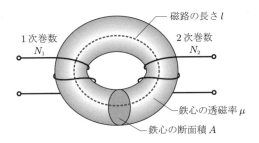

図 3.6　鉄心に巻かれたコイルのインダクタンス

$$L_{01} = \frac{\mu A N_1{}^2}{l}$$

（鉄心の透磁率 [H/m]）
（鉄心断面積 [m^2]）
（巻数）
（磁路の長さ [m]）
（主インダクタンス [H]）

(3.23)

$$M = \frac{\mu A N_1 N_2}{l}$$ (3.24)

となる. 2次巻線のみ電流が流れているとすると,

$$L_{02} = \frac{\mu A N_2{}^2}{l}$$ (3.25)

となる. 式 (3.23)〜(3.25) を, $N_1 = aN_2$, $N_2 = \dfrac{N_1}{a}$ を使って整理すると次のようになる.

$$M = \frac{\mu A}{l}\left(\frac{N_1}{a}\right)(aN_2)$$ (3.26)

$$L_{01} = \frac{\mu A}{l}N_1(aN_2)$$ (3.27)

$$L_{02} = \frac{\mu A}{l}\left(\frac{N_1}{a}\right)N_2$$ (3.28)

したがって, 次のような関係が得られる.

（主インダクタンス [H]）
（巻数比）
（相互インダクタンス [H]）

$$\left.\begin{array}{l} L_{01} = aM \\ L_{02} = \dfrac{M}{a} \end{array}\right\}$$ (3.29)

POINT

主インダクタンスと相互インダクタンスの関係は，巻数比 a を用いて表すことができる．

3.2.2　変圧器の等価回路

理想変圧器の等価回路は図 3.3 に示した．ここでは，実際の変圧器の等価回路をインダクタンスを用いて導出してみよう．図 3.7 に実際の変圧器を示す．実際の変圧器の巻線には抵抗 r_1, r_2 がある．そのため端子電圧と誘導起電力の関係は次のようになる．

$$v_1 = \underline{r_1 i_1} + \underline{e_1}$$

誘導起電力 [V]
巻線抵抗による電圧降下 [V]
1 次端子電圧

(3.30)

$$v_2 = \underline{-r_2 i_2} + e_2$$

電流の方向により（$-$）がつく

(3.31)

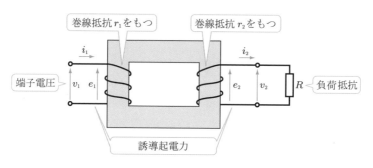

図 3.7　実際の変圧器

POINT

符号は，i_2 と v_2 の方向の関係から決まる．

1 次巻線と 2 次巻線に交流電流が流れているとき，誘導起電力 e_1 をインダクタンスを用いて表すと，

$$e_1 = \underline{l_1 \frac{di_1}{dt}} + \underline{L_{01} \frac{di_1}{dt}} - \underline{M \frac{di_2}{dt}}$$

相互インダクタンスによる逆方向の誘導起電力 [V]
主インダクタンスによる誘導起電力 [V]
漏れインダクタンスによる誘導起電力 [V]
1 次巻線の誘導起電力 [V]

(3.32)

$$e_2 = -l_2 \frac{di_2}{dt} - L_{02} \frac{di_2}{dt} + M \frac{di_1}{dt} \tag{3.33}$$

となる.

ここで, 式 (3.29) で示した

$$L_{01} = aM, \quad L_{02} = \frac{M}{a} \tag{3.34}$$

を代入し, i_2/a を使って式 (3.30) を表すと次のようになる.

$$v_1 = \underbrace{r_1 i_1}_{} + \underbrace{l_1 \frac{di_1}{dt}}_{} + \underbrace{aM \frac{d}{dt}\left(i_1 - \frac{i_2}{a}\right)}_{}$$

相互インダクタンスによる誘導起電力 [V]
漏れインダクタンスによる誘導起電力 [V]
巻線抵抗による電圧降下 [V]
1 次巻数の端子電圧 [V]
$$\tag{3.35}$$

また式 (3.33) の両辺を a 倍して同様に i_2/a を使って式 (3.31) を表すと,

$$av_2 = -a^2 r_2\left(\frac{i_2}{a}\right) - a^2 l_2 \frac{d}{dt}\left(\frac{i_2}{a}\right) + aM \frac{d}{dt}\left(i_1 - \frac{i_2}{a}\right) \tag{3.36}$$

となる.

図 3.7 の 2 次巻線に接続された負荷抵抗 R においては,

$$v_2 = R i_2$$

2 次電流 [A]
負荷抵抗 [Ω]
2 次端子電圧 [V]
$$\tag{3.37}$$

の関係が成り立つ. この式の両辺を a 倍し, 同様に i_2/a を使って表すと, 次のようになる.

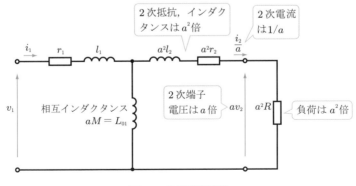

図 3.8　T 形等価回路

$$av_2 = a^2 R \cdot \left(\frac{i_2}{a} \right) \tag{3.38}$$

式 (3.30)〜(3.38) の関係を回路図で表すと図 3.8 に示されるようになる．これが実際の変圧器の等価回路である．この回路は，その形から T 形等価回路とよばれている．

3.2.3　鉄損と L 形等価回路

実際の変圧器では，鉄心の磁束により鉄損（p.22，2.4.2 項参照）が発生する．そこで，等価回路でも鉄損を考慮する必要がある．鉄損を含んだ等価回路を図 3.9 に示す．図において，r_M [Ω] で消費する電力が鉄損を表すと考える．r_M を鉄損抵抗または励磁抵抗とよぶ．また，T 形回路の脚部に流れる電流を励磁電流 i_0 とよぶ．このうち，鉄損抵抗を流れる電流 i_{0w} を鉄損電流，相互インダクタンスを流れる電流 i_{00} を磁化電流とよぶ．

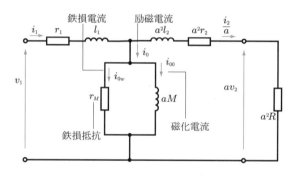

図 3.9　鉄損を含んだ T 形等価回路

以上のようにして，実際の変圧器を等価回路により表すことができる．しかし，T 形等価回路は，実用上は取り扱いがやや複雑である．そこで簡易等価回路が使われることが多い．簡易等価回路は 1 次回路のインピーダンス（1 次巻線抵抗 r_1 と 1 次漏れインダクタンス l_1）による電圧降下が小さいという仮定を前提にしている．正弦波電圧を印加したときの交流回路で表示した簡易等価回路を図 3.10 に示す．なお，周波数が一定なのでインダクタンスでなくリアクタンスを用いるのが一般的である．

ここで，

$$\dot{Z}_s = r_s + jx_s = (r_1 + a^2 r_2) + j(x_1 + a^2 x_2) \quad [\Omega]$$

1 次，2 次巻数のリアクタンス [Ω]
1 次，2 次の巻線抵抗 [Ω]
短絡リアクタンス [Ω]
短絡抵抗 [Ω]
短絡インピーダンス [Ω]

$$\tag{3.39}$$

である．$\dot{Z}_s$ は短絡インピーダンスとよばれる．なお，r_s は短絡抵抗，x_s は短絡リアクタンスとよばれる．また，図 3.10 では励磁回路は鉄損コンダクタンス g_0 と励磁サセプタンス b_0 を用いて励磁アドミタンス $\dot{Y}_0 = g_0 - jb_0\,[\mathrm{S}]$ で表されている[*1]．これも数値での取り扱いを容易にするためである．簡易等価回路は，その形から L 形等価回路とよばれている．

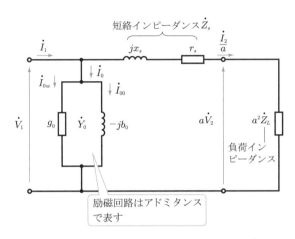

図 3.10　簡易等価回路（L 形等価回路）

3.3　等価回路定数の測定と短絡インピーダンス

変圧器の L 形等価回路の各定数は，測定により求めることができる．ここでは，その決定法を述べる．さらに，変圧器の特性を示すのによく使われる短絡インピーダンスについて述べる．

3.3.1　等価回路定数の測定

等価回路定数は，以下に述べる測定により決定できる．

(1) 無負荷試験

無負荷試験は，変圧器の 2 次巻線端子を開放して 1 次巻線に通電する試験である．この試験において，等価回路は図 3.11 のように考える．すなわち，2 次端子を開放しているため，2 次回路には電流が流れないので回路が存在しないと考える．電流が流れている励磁回路のみの状態と考えることができる．このとき，等価回路の諸量の関

---

*1　アドミタンス Y はインピーダンスの逆数である．コンダクタンス g は抵抗 r の逆数である．サセプタンス b はリアクタンス x の逆数である．いずれも単位は [S]（読みはジーメンス）で表される．

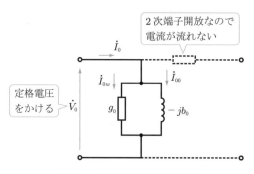

図 3.11　無負荷試験の等価回路

係は次のようになっている.

$$P_0 = I_{0w} V_0 = g_0 V_0{}^2$$

　　　　　　　　　　　　端子電圧（定格電圧）[**V**]
　　　　　　　　　鉄損コンダクタンス [**S**]
　　　　鉄損電流 [**A**]
　　無負荷試験時の入力 = 鉄損 [**W**]
　　　　　　　　　　　　　　　　　　　　　　　　　　(3.40)

この式は，無負荷試験における入力電力はすべて鉄損で消費されることを表している．アドミタンスを用いると次のように表すことができる.

$$I_0 = Y_0 V_0 = \sqrt{g_0{}^2 + b_0{}^2} V_0$$

　　　　　　　　　　　　励磁サセプタンス [**S**]
　　　　　　　　　端子電圧（定格電圧）[**V**]
　　　　励磁アドミタンス [**S**]
　　無負荷電流（測定値）[**A**]
　　　　　　　　　　　　　　　　　　　　　　　　　　(3.41)

無負荷試験では，1 次巻線に定格電圧をかけたときの入力および電流を測定する．その測定値から励磁回路の g_0 と b_0 を求めることができる[*1].

　　　　　　　　　　　　無負荷試験時の入力（測定値）[**W**]

$$g_0 = \frac{P_0}{V_0{}^2} \quad [\text{S}]$$

　　　　　　　　　　　　端子電圧（定格電圧）[**V**]
　　　　鉄損コンダクタンス [**S**]
　　　　　　　　　　　　　　　　　　　　　　　　　　(3.42)

$$b_0 = \sqrt{\left(\frac{I_0}{V_0}\right)^2 - g_0{}^2} \quad [\text{S}]$$

　　　　　　　　　　　無負荷試験の電圧と電流
　　　　励磁サセプタンス [**S**]
　　　　　　　　　　　　　　　　　　　　　　　　　　(3.43)

---

*1 等価回路は 1 相分で考えているので，三相変圧器の場合，電圧，電力は三相で測定するため 1 相分に変換しなくてはならない場合がある．詳しくは 3.4.2 項参照のこと.

(2) 短 絡 試 験

　短絡試験では，変圧器の2次巻線端子を短絡した状態で通電して測定する．このときの等価回路は図 3.12 のようになると考える．2次端子を短絡すると2次回路の電流と比べると励磁回路にはごくわずかしか電流が流れない．そのため，励磁回路は存在しないと考える．つまり，電流は2次回路のみ流れていると考える．

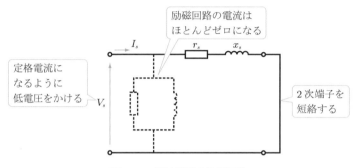

図 3.12　短絡試験の等価回路

　短絡試験では，入力電流が定格電流になるように1次巻線に低電圧を印加する．そのときの諸量の関係は次のようになる．

$$P_s = I_s{}^2 r_s$$

短絡抵抗 $[\Omega]$
短絡電流（定格電流）$[\mathbf{A}]$
短絡試験での入力電力（測定値）$[\mathbf{W}]$　　　　(3.44)

つまり，入力電力はすべて短絡抵抗 r_s で消費されると考える．電圧は次のように表すことができる．

$$V_s = I_s Z_s$$

短絡インピーダンス $[\Omega]$
短絡電流（定格電流）$[\mathbf{A}]$
短絡試験での電圧（測定値）$[\mathbf{V}]$　　　　(3.45)

$$Z_s = \sqrt{r_s{}^2 + x_s{}^2}$$

短絡リアクタンス $[\Omega]$
短絡抵抗 $[\Omega]$　　　　(3.46)

式 (3.44)～(3.46) を利用して測定値から短絡抵抗，短絡リアクタンスを求めることができる．

短絡試験での入力電力（測定値）$[\mathbf{W}]$

$$r_s = \frac{P_s}{I_s{}^2} \quad [\Omega]$$

短絡試験での電流（定格電流）$[\mathbf{A}]$　　　　(3.47)

$$x_s = \sqrt{\left(\frac{V_s}{I_s}\right)^2 - r_s{}^2} \quad [\Omega]$$

　　　　　　　短絡試験での測定電圧と電流
　　　　　　短絡リアクタンス [Ω]

(3.48)

この測定結果を T 形等価回路に展開する場合，次式でさらに 1 次回路と 2 次回路に分離する必要がある．

　　　　　　短絡抵抗 [Ω]
　　　　　1 次抵抗 [Ω]
　　　　2 次抵抗 [Ω]

$$r_s \approx r_1 + a^2 r_2$$
$$x_s \approx x_1 + a^2 x_2$$

　　　　2 次リアクタンス [Ω]
　　　1 次リアクタンス [Ω]
　　短絡リアクタンス [Ω]

(3.49)

3.3.2　短絡インピーダンス

　前項の（2）で述べた短絡インピーダンスは，2 次端子を短絡して 1 次側から求めた値である．では，1 次端子を短絡したときに 2 次側からみた短絡インピーダンスはどのように考えればよいのであろうか．1 次側と同様の測定を行えば短絡インピーダンスは求められる．しかし，2 次側の諸量を基準にするため，式 (3.39) とは異なった値になってしまう．

　そこで，短絡インピーダンス [Ω] をパーセントインピーダンス [%] により表すことが行われる．パーセントインピーダンスとは，インピーダンスを割合（パーセント）で表す方法である．

　パーセント短絡インピーダンス q_Z は次のように定義される．

　　　　　　短絡インピーダンス [Ω]

$$q_Z = \frac{Z_s}{Z_N} \times 100 \quad [\%]$$

　　　　　基準インピーダンス [Ω]
　　　パーセント短絡インピーダンス [%]

(3.50)

ここで，基準インピーダンス Z_N とは

$$Z_N = \frac{V_{1N}}{I_{1N}} = \frac{定格 1 次電圧}{定格 1 次電流} \quad または \quad Z_N = \frac{V_{2N}}{I_{2N}} = \frac{定格 2 次電圧}{定格 2 次電流}$$

である．

パーセント抵抗 q_r は，パーセント短絡インピーダンス q_Z の抵抗分であり，パーセントリアクタンス q_x は，パーセント短絡インピーダンス q_Z のリアクタンス分である．パーセントインピーダンスを用いると，1 次側を短絡して短絡試験を行っても，2 次側を短絡させて短絡試験を行っても，得られるパーセント短絡インピーダンスは同一の値になる．

> **POINT**
>
> パーセント短絡インピーダンスは，定格インピーダンスに対する比率である．

パーセント短絡インピーダンスは基準インピーダンスに対する割合なので，次のように求めることができる．

$$
\begin{aligned}
q_Z &= \sqrt{q_r{}^2 + q_x{}^2} \\
&= \frac{I_{1N}\sqrt{(r_1 + a^2 r_2)^2 + (x_1 + a^2 x_2)^2}}{V_{1N}} \times 100\,[\%]
\end{aligned}
\tag{3.51}
$$

（パーセント短絡インピーダンス [%]／パーセント抵抗 [%]／パーセントリアクタンス [%]／定格 1 次電流 [A]／定格 1 次電圧 [V]）

なお，短絡試験で測定した電圧 V_s をインピーダンス電圧，そのときの電力 P_s をインピーダンスワットとよぶことがある．

3.3.3 電圧変動率

変圧器は，1 次電圧が一定でも負荷電流の大きさにより 2 次電圧が変化する．すなわち，短絡インピーダンスによる電圧降下が負荷電流により変化するので，2 次電圧が変化してしまう．このような電圧の変動を電圧変動率 ε により表す[*1]．

$$
\varepsilon = \frac{V_{20} - V_{2N}}{V_{2N}} \times 100 \quad [\%]
\tag{3.52}
$$

（無負荷電圧 [V]／定格負荷時の 2 次電圧 [V]／電圧変動率 [%]）

なお，電圧変動率は短絡インピーダンスと関係があり，次のような近似式を用いて計算することも可能である．

[*1] 電圧変動率にはこのほかの定義もある．

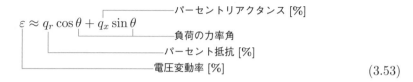

$$\varepsilon \approx q_r \cos\theta + q_x \sin\theta$$

パーセントリアクタンス [%]

負荷の力率角

パーセント抵抗 [%]

電圧変動率 [%]

(3.53)

ここで，θ は負荷の力率角である．

3.4　変圧器の複数運転

　ここでは，複数の変圧器を同時に使う場合について述べる．

3.4.1　変圧器の極性

　変圧器を単独で使用する場合，交流電力を扱うので，通常は変圧器の極性は問題にはならない．しかし，複数の変圧器を使う場合には交流でも極性が問題になる．また，スイッチングトランス[*1]などの電子回路用変圧器では，回路動作上，極性が重要なものがある．

　変圧器の極性とは，巻線の巻き方により 1 次，2 次の電圧の正負が一致するかしないか，ということである．図 3.13 に示すように，V 点を基準としたとき U 点の 1 次電圧の瞬時値と一致する 2 次端子を u 点としている．巻線の方向により 2 次端子の瞬時値が異なる．これを図記号ではコイルに「 • 」（ドット）をつけて区別している．同じ側に「 • 」のある端子は同極性の端子であることを示している．図のように U と u が同じ側にあるとき減極性，U と u が対角線上にあるとき加極性とよぶ．

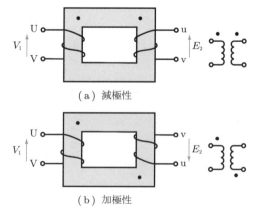

（a）減極性

（b）加極性

図 3.13　変圧器の二つの極性

POINT

交流を扱う変圧器にも極性がある.

3.4.2 変圧器の三相結線

三相電力を変圧する場合,まったく等しい単相変圧器を 3 台用いれば変圧できる.三相の変圧について述べる前に,三相交流について簡単に復習する.

三相交流は各相の電圧の大きさ,周波数が等しく,$2\pi/3$ の位相差がある三つの電源が接続されていると考えることができる.各相の電圧は次のように表される.

$$e_{\mathrm a} = E_{\mathrm m}\cos\omega t \qquad \text{← a 相の電圧}$$

$$e_{\mathrm b} = E_{\mathrm m}\cos\left(\omega t - \frac{2}{3}\pi\right) \qquad \text{← a 相より位相が } 2\pi/3 \text{ 遅れている}$$

$$e_{\mathrm c} = E_{\mathrm m}\cos\left(\omega t - \frac{4}{3}\pi\right)$$

$$\text{← a 相より位相が } 4\pi/3 \text{ 遅れている} \tag{3.54}$$

各相の電源は Y 接続,または Δ 接続される.このとき,各電源の電圧を相電圧といい,三相交流として出力される電圧は線間電圧という.電流についても相電流,線電流とよぶ.これらの関係を図 3.14 に示す.三相変圧器においても同じ関係となる.

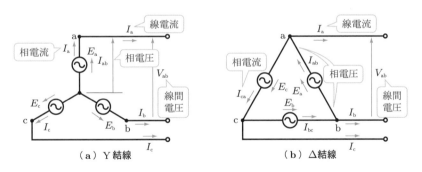

図 3.14 Y 結線と Δ 結線の電圧と電流

単相変圧器の 1 次,2 次の巻線を Y または Δ に接続すれば,4 種類の組み合わせの三相結線が考えられる.ここでは,それぞれの組み合わせについて述べてゆく.

• Δ – Δ 結線

　　Δ – Δ 結線は 3 台の変圧器を使い，1 次，2 次巻線とも Δ 結線にしたものである．図 3.15 に示す．1 次側の線間電圧と 2 次側の線間電圧の位相は同一である．また，巻線に流れる相電流は線電流の $1/\sqrt{3}$ となる．Δ 結線を用いると，第 3 次高調波電流[*1]が Δ 結線内を循環するため，外部に流出しないので，通信障害を起こさない．ただし，1 次，2 次とも Δ 結線なので，中性点接地ができない．そのため，比較的低圧の回路に用いられる．

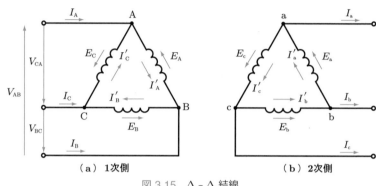

図 3.15　Δ – Δ 結線

• Y – Y 結線

　　Y – Y 結線は 1 次，2 次巻線とも Y 結線にしたものである．Y – Y 結線を図 3.16 に示す．相電圧は線間電圧の $1/\sqrt{3}$ となる．また，相電流と線電流は等しい．Y 結線の回路では中性点が接地できるが，第 3 次高調波電流が循環しないため，中性点から第 3 次高調波電流が流出してしまう．そのため，この結線はほとんど使われない．

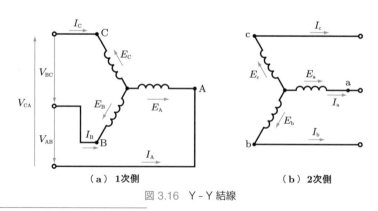

図 3.16　Y – Y 結線

[*1] 第 3 次高調波電流とは，交流の波形が正弦波から乱れる場合，波形のフーリエ級数展開の 3 次成分を指す．第 3 次高調波電流は 3 倍の周波数をもつ電流であり，波形の乱れに対しもっとも影響が大きい．第 3 次高調波電流が流出した場合，通信障害の原因となる．

• **△ – Y 結線**

　△ – Y 結線は 1 次側を △ 結線，2 次側を Y 結線としたものである．図 3.17 に示す．この結線の場合，線間電圧と相電圧の関係が △ 結線と Y 結線では異なるため，1 次側と 2 次側で線間電圧の位相が異なることに注意を要する．2 次側は Y 回路なので，線間電圧は相電圧の $\sqrt{3}$ 倍となり，線電流と相電流は等しい．そのため，△ – Y 結線は送電線の送電端に用いられる．この結線では，Y 結線回路の中性点を接地することが可能である．さらに，第 3 次高調波電流は 1 次側の △ 回路を循環するので，2 次側には流れない．そのため，中性点を接地しても通信障害を起こさない．

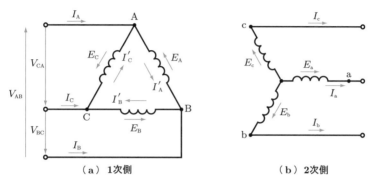

（a）1次側　　　（b）2次側

図 3.17　△ – Y 結線

• **Y – △ 結線**

　Y – △ 結線は 1 次側を Y 結線，2 次側を △ 結線としたものである．図 3.18 に示す．この結線は △ – Y 結線と同様に考えることができる．Y – △ 結線は送電線の受電端に用いられる．

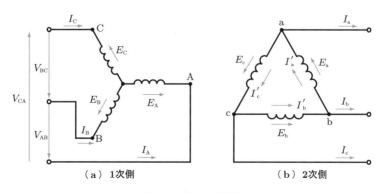

（a）1次側　　　（b）2次側

図 3.18　Y – △ 結線

• V – V 結線

　2 台の単相変圧器を用いて三相を変圧できる．そのために用いるのが V – V 結線である．V – V 結線を図 3.19 に示す．V – V 結線は Δ – Δ 結線の変圧器のうちの一つを取り除いた形である．V – V 結線の 2 次側に三相平衡負荷を接続すると，線間電圧 V_{ab}，V_{bc}，V_{ca} は平衡三相となる．

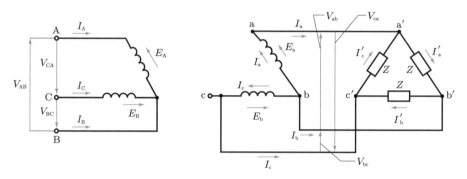

図 3.19　V – V 結線

　Δ – Δ 結線の場合，2 次側の各相の変圧器の定格電流（相電流）を I_N，Δ 回路を出力する線電流を I とすると，

$$I = \sqrt{3}I_N$$

相電流

出力の線電流

(3.55)

である．定格電圧（線間電圧）を V_N とすると，変圧器の容量 P_Δ は，

$$P_\Delta = \sqrt{3}V_N I = 3V_N I_N$$

Δ 結線の変圧器の容量

容量は定格電圧と定格電流の積

各相の単相変圧器の容量の 3 倍

(3.56)

となる．

　一方，V 結線の場合，2 次側の相電流と線電流は等しい．

$$I = I_N$$

相電流

出力の線電流

(3.57)

したがって，V 結線の場合の変圧器の容量 P_V は，

$$P_{\mathrm{V}} = \sqrt{3}V_N I_N = \frac{1}{\sqrt{3}}P_\Delta = 0.577P_\Delta$$

V 結線の容量

$\Delta - \Delta$ 結線の容量の $1/\sqrt{3}$ となる

$$(3.58)$$

となる.

3.4.3 変圧器の並行運転

　一般に変圧器は，定格容量[*1]で使用すると効率が高い．一方，低負荷では効率が低いことがある．そこで，2 台の変圧器を並列に使用して，負荷の大小に応じて容量を調節する場合がある．このとき，変圧器を並列接続した並行運転を行う．2 台の変圧器の接続を図 3.20 に示す．二つの変圧器は極性をそろえて接続する必要がある．

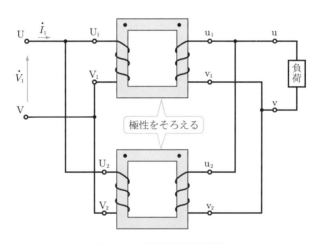

図 3.20　変圧器の並行運転

　この状態を等価回路に書くと，図 3.21 のようになる．二つの変圧器の励磁回路および短絡インピーダンスは，それぞれ並列接続された形になっている．このとき，次のような関係がある.

$$\dot{V}_1 = \dot{Z}_{\mathrm{A}}\dot{I}_{\mathrm{A}} + \dot{V}_2$$

変圧器 A の短絡インピーダンス [Ω]

2 次電圧 [V]

1 次電圧 [V]

$$(3.59)$$

$$\dot{V}_1 = \dot{Z}_{\mathrm{B}}\dot{I}_{\mathrm{B}} + \dot{V}_2 \qquad (3.60)$$

---

*1　定格容量は，定格電圧×定格電流であり単位は [VA] である.

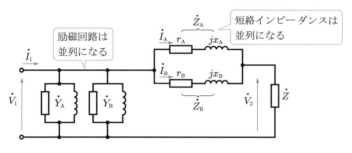

図 3.21　並行運転の等価回路

$$\dot{I}_1 = \dot{I}_A + \dot{I}_B$$

— 変圧器 B の電流 [A]
— 変圧器 A の電流 [A]
— 合成電流 [A]

(3.61)

したがって,

$$\dot{Z}_A \dot{I}_A = \dot{Z}_B \dot{I}_B$$

— 変圧器 B による電圧降下 [V]
— 変圧器 A による電圧降下 [V]

(3.62)

となる.

　ここで,二つの変圧器のパーセント短絡インピーダンス q_{AZ}, q_{BZ} は次のようになる.

— 変圧器 A の短絡インピーダンス [Ω]

$$q_{AZ} = \frac{Z_A I_{AN}}{V_{1N}} \times 100 \quad [\%]$$

— 変圧器 A の定格電圧と電流
— 変圧器 A のパーセント短絡インピーダンス [%]　(3.63)

$$q_{BZ} = \frac{Z_B I_{BN}}{V_{1N}} \times 100 \quad [\%]$$

(3.64)

　式 (3.63), (3.64) を式 (3.62) に代入すると,変圧器 A,B の分担する電流の比は次のようになる.

— 変圧器 A と B の電流の比率

$$\frac{\dot{I}_A}{\dot{I}_B} = \frac{I_{AN}}{q_{AZ} V_{1N}} \cdot \frac{q_{BZ} V_{1N}}{I_{BN}}$$

$$= \frac{I_{AN} V_{1N}}{I_{BN} V_{1N}} \cdot \frac{q_{BZ}}{q_{AZ}}$$

$$= m \frac{q_{BZ}}{q_{AZ}}$$

— 変圧器 A と B のパーセントインピーダンスの比
— 変圧器 A と B の定格容量の比

(3.65)

この式の意味するところは，パーセント短絡インピーダンスが等しければ（$q_{AZ} = q_{BZ}$），並行運転したときに変圧器の容量に応じて負荷電流を分担する，ということである．正確には，パーセント抵抗とパーセントリアクタンスがそれぞれ等しい必要がある．パーセント短絡インピーダンスは，並列運転などの検討に便利なので実用上よく使われる．

 POINT

> 並列運転では，パーセント短絡インピーダンスを等しくするとよい．

3.5　各種の変圧器

変圧器は交流電力を使用する場合に必ずと言ってよいほど使われている．そのため，変圧器にはさまざまな種類がある．ここでは，よく使われる各種の変圧器について述べる．

3.5.1　三相変圧器

三相変圧器は，一つの鉄心に 3 組の巻線を行って，1 台の変圧器で三相を変圧するものである．三相変圧器の構造を図 3.22 に示す．このようにすると，単相変圧器を 3 個を用いるより鉄心が小さくなり，小型化できる．なお，三相変圧器は Δ 結線，Y 結線のいずれでも可能であるが，V 結線はできない．

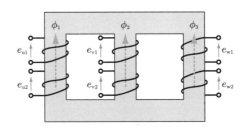

図 3.22　三相変圧器

3.5.2　単巻変圧器

ここまでに述べた変圧器は 1 次巻線と 2 次巻線などの複数の巻線からなっていた．単巻変圧器は一つの巻線で構成される変圧器である．単巻変圧器を図 3.23 に示す．巻線のうち，1 次 2 次共通の部分を分路巻線，共通でない部分を直列巻線とよぶ．

分路巻線と直列巻線を合わせた全体の巻数を N_1，分路巻線の巻数を N_2 とする．1 次巻線に電圧 V_1 を印加すると 2 次端子の電圧 V_2 は次のようになる．

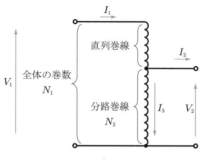

図 3.23　単巻変圧器

$$\frac{V_1}{V_2} = \frac{I_2}{I_1} = \frac{N_1}{N_2}$$

1 次電圧 ── 全体の巻数 ── 分路巻線の巻数 ── 2 次電圧

(3.66)

1 次側と 2 次側の電流は次のようになる.

$$I_1 = I_2 + I_3$$

1 次側の電流 ── 分路巻線の電流 ── 出力電流

(3.67)

したがって, 分路巻線の電流 I_3 は, 1 次電流と 2 次電流の差となり, 分路巻線に流れる電流が小さいことも特徴である. なお, 単巻変圧器は 1 次側と 2 次側が絶縁されていないことに注意を要する.

3.5.3　計器用変圧器

交流の高電圧または大電流を測定するために用いられる変圧器を計器用変圧器という. 電圧測定のための計器用変圧器 (PT: Potential Transformer) と, 電流測定のための変流器 (CT: Current Transformer) がある. PT と CT の接続法を図 3.24 に示す. PT の 2 次側定格電圧は 110 V が標準である. また, CT の 2 次側定格電流は 5 A が標準である.

3.5.4　電子回路で用いられる変圧器

変圧器は交流の電圧または電流を変換する機器であるが, 直流を主として使用する電子回路に用いられる変圧器がある[*1].

---

*1　それぞれの電子回路の原理や動作などは専門書を参照されたい.

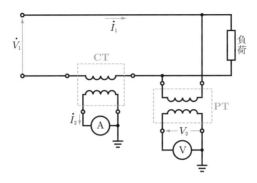

図 3.24　PT, CT の接続

　整流用変圧器は電子回路において, 主に単相交流電源を直流に変換するときに使われる. 図 3.25 に整流回路を示す. 図 (a) に示す単相半波整流回路では 2 次側のダイオードにより一方向の電流しか流れない. そのため, 変圧器の鉄心は直流で磁化される. これを直流偏磁という. 直流偏磁を防ぐため, 図 (b) に示すように, 巻線の中間に端子を設けた, センタタップ付変圧器が用いられる. なお, 図 (c) に示す全波整流回路（ブリッジ）では直流偏磁は生じない.

　パルストランス[*1]は, ディジタル信号などのパルス波形の電圧, 電流の伝送を目的とする変圧器である. しかし, パルス波形は急峻な立ち上がりがあり, 高い周波数成分を含むため, 変圧器では波形の正確な伝送はできない. パルストランスを使用する主な目的は, 1 次側回路と 2 次側回路の絶縁である.

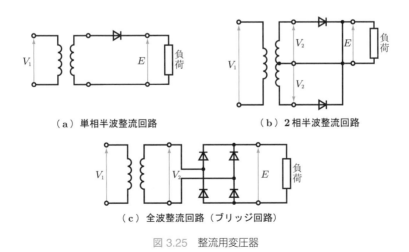

（a）単相半波整流回路　　　　　　　　（b）2 相半波整流回路

（c）全波整流回路（ブリッジ回路）

図 3.25　整流用変圧器

---

*1 電子回路で用いる変圧器はトランスと通称されることが多い.

　スイッチングトランスはスイッチング電源で用いる変圧器である．スイッチング電源は直流を高周波でスイッチングすることにより電圧または電流を変換する機能をもっている．主なスイッチング電源回路を図 3.26 に示す．フォワードコンバータは減極性の変圧器を用いており，スイッチ S がオンのときに 2 次電流が流れる．一方，フライバックコンバータは加極性の変圧器を用いており，スイッチ S がオンのときにはダイオードが電流を阻止するため，変圧器の 2 次電流は流れない．スイッチ S のオフ期間にエネルギーを放出する．スイッチングトランスは高周波で動作するため，鉄心にフェライトなどを用いることが多い．

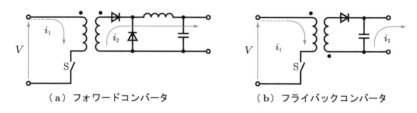

（a）フォワードコンバータ　　　　　　（b）フライバックコンバータ

図 3.26　スイッチング電源回路

3.6　変圧器はどこで使われているか

　われわれの利用している商用電力は交流である．そのため変圧器は，交流電力を利用するあらゆるところで用いられている．

(1) 送　配　電

　電力を送配電するために，電圧を高くすることにより電流を低下させる．それにより損失が低下し，送配電線を細くすることができる．送配電で多くの変圧器が使われている様子を図 3.27 に示す．発電所で発電した電力は数 10 万 V の超高圧まで変圧され，電流を低下させて長距離送電される．また，各所に変電所が設けられ，電力容量に応じて低電圧に変圧される．2 次変電所で 6 万 6000 V に変圧され，需要家の近くまで配電する．大きな工場やビルなどは大口需要家とよばれ，2 万 2000 V で受電する．大口需要家は構内に変電所をもち，100 V，200 V 等に変圧する．構内の変電所では図 3.28 のような変圧器が使われている．一般の家庭，商店などへは 6600 V に降圧して配電され，最終的には電柱に取り付けられた柱上変圧器（図 3.29）により 100 V，200 V に変圧されて供給される．

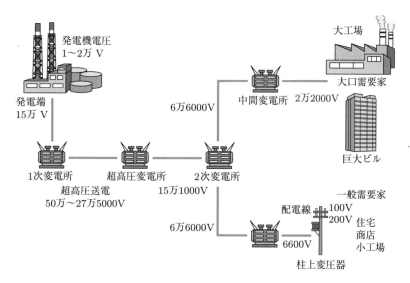

図 3.27　送配電で使われる変圧器

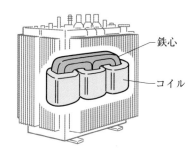

図 3.28　油入り変圧器

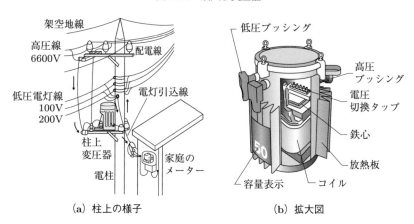

（a）柱上の様子　　　　　　　（b）拡大図

図 3.29　柱上変圧器

(2) 家 庭 内

　電子機器は，内部で 12 V や 5 V の直流を使用する．そのため，内部に直流安定化
電源回路を備えている．直流電圧の安定化のために高周波の交流を発生するとともに，
スイッチングトランスにより絶縁変圧し，整流する回路（スイッチング電源）が用い
られる．

　パソコンなどディジタル機器では，電池でも AC 電源でも使えるものが多い．この
ようなものは AC アダプタ（図 3.30）で 100 V の交流電源と接続する．AC アダプタ
の多くは内部に変圧器をもち，必要電圧に降圧し（たとえば 12 V），直流に変換して
各機器に入力する．

図 3.30　AC アダプタ

　電子レンジ（図 3.31）は，電子管（マグネトロン）により発生するマイクロ波を食
品などに当てて加熱する．このような電子管は，高電圧で電子を加速する．そのため，
電子レンジには高電圧に昇圧する変圧器が用いられている．

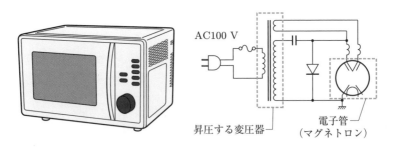

図 3.31　電子レンジ

(3) 自動車エンジン

　自動車のエンジンの点火は，スパークプラグで発生する火花でガソリンに点火する．
スパークプラグに高電圧を供給するために点火コイル（図 3.32）が用いられる．自動
車やオートバイのバッテリは，直流なので変圧器では電圧を変換できない．ところが，

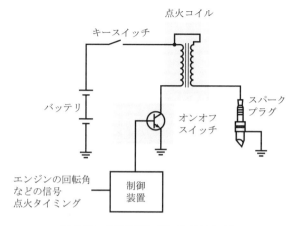

図 3.32 自動車エンジンの点火コイル

直流電圧をオンオフすると，そのときの $\dfrac{d\phi}{dt}$ により誘導起電力が発生するので，変圧器が使えるようになる（1.3.1 項参照）．

(4) その他の例

金属を高温にして溶融させて接合するのにアーク溶接が使われる．アーク溶接は，放電により高温を得るものである．溶接は，低電圧大電流で行うので商用電源を降圧する変圧器が使われる（図 3.33）．

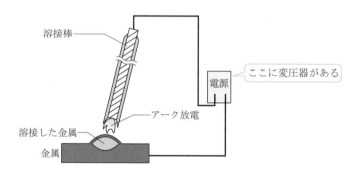

図 3.33 アーク溶接の原理

また，健康診断などで X 線写真を撮影するが，X 線は電子管により発生させている．電子管内部では，電子を加速するために高電圧が必要であり，電源装置には高電圧へ変圧する変圧器が用いられている（図 3.34）．

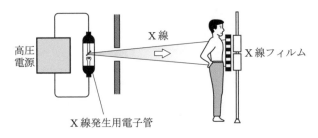

図 3.34　X 線写真

📝 第 3 章の演習問題

3.1　問図 3.1 に示すような変圧器で 1 次, 2 次の電圧比が無負荷時では $V_1 : V_{20} = 1 : 5$ であった. また, 図のように抵抗 R_L が接続されたときを定格負荷とすると, $V_1 : V_{2N} = 1 : 4.8$ であった. ここで V_{20} は無負荷 2 次電圧, V_{2N} は定格 2 次電圧である.

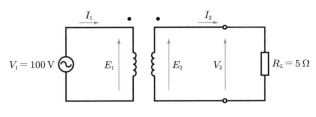

問図 3.1

（1）この変圧器の巻数比 a を求めよ.
（2）電圧変動率 ε を求めよ.
（3）定格負荷時の 2 次電圧 $(V_2 = E_2)$ を求めよ.
（4）定格負荷時の 1 次電流 I_1 を求めよ.
（5）記号に従い, 問図 3.2 の鉄心に巻線を描け. ただし $V_1 \approx E_1$, $V_{20} \approx E_2$ である.

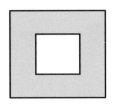

問図 3.2

3.2　次のような変圧器の 50 Hz における T 形等価回路定数を求め, 問図 3.3 の回路図に数値を記入せよ.
　　巻線の自己インダクタンス：$L_1 = 1.07\,\mathrm{H}$, $L_2 = 0.012\,\mathrm{H}$

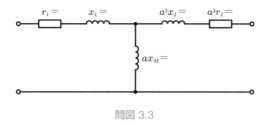

問図 3.3

巻数：$N_1 = 400$, $N_2 = 40$
相互インダクタンス：$M = 0.1\,\mathrm{H}$
巻線抵抗：$r_1 = 2\,\Omega$, $r_2 = 0.03\,\Omega$

3.3 単相変圧器の試験結果が次のようであったとき，L 形等価回路定数を求め，問図 3.4 の回路図に数値を記入せよ．

無負荷試験結果：$V_0 = 200\,\mathrm{V}$, $I_0 = 0.5\,\mathrm{A}$, $P_0 = 20\,\mathrm{W}$
短絡試験結果：$V_s = 7\,\mathrm{V}$, $I_s = 10\,\mathrm{A}$, $P_s = 60\,\mathrm{W}$

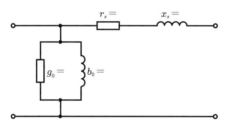

問図 3.4

3.4 ある変圧器のパーセント抵抗が 2 %，パーセントリアクタンスが 3 % である．この変圧器の負荷が力率 80 % のときの電圧変動率を求めよ．

3.5 容量が 2 kVA の変圧器がある．抵抗負荷の場合，定格出力で銅損が 70 W，鉄損が 60 W であった．
  (1) この変圧器の定格出力での効率を求めよ．
  (2) 定格出力の 1/2 で使用したときの効率はいくらになるか．ただし，抵抗負荷とする．

3.6 変圧器の 1 次電圧と 2 次電圧の比が無負荷時では $V_1 : V_{20} = 14.5 : 1$，定格負荷時には $V_1 : V_{2N} = 15 : 1$ であった．この変圧器の巻数比と電圧変動率を求めよ．ただし，$V_1 = E_1$, $V_{20} = E_2$ とする．

3.7 問図 3.5 に示す単巻変圧器が理想変圧器であるとする．このとき，負荷抵抗 R_L の両端の電圧と各部を流れる電流 I_1, I_2, I_3 を求めよ．

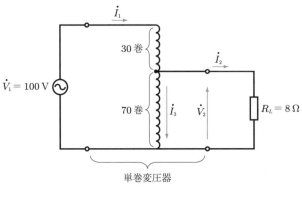

問図 3.5

4

誘 導 機

　誘導機は，電磁誘導を積極的に利用するため誘導機とよばれるようになった．誘導電動機は，古くから動力源として広く使われており，家電製品や工場設備のほか，エスカレータや電車にも使われている．また，一部の風力発電では，誘導発電機が使われている．誘導機は，原理を解析すると変圧器とかなり類似しており，第3章で学んだ変圧器の原理を応用すると理解しやすい．そこで，回転機の手はじめとして，まず誘導機について述べてゆく．

4.1　誘導機の原理と構造

4.1.1　アラゴーの円板

　電磁気的な力で物体を回転させた初期のものとしてアラゴーの円板[*1]が有名である．アラゴーの円板を図 4.1 に示す．円板は銅，アルミなどの非磁性体で作られており，磁石には引き寄せられない．また，円板は自由に回転するようになっている．

　永久磁石を円板に触れることなく円板の上で動かす．磁石と円板の間には距離があるにもかかわらず，磁石の動きよりやや遅れて円板が回転する．

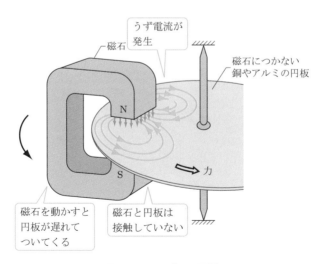

うず電流が
発生

磁石

磁石につかない
銅やアルミの円板

N

S

力

磁石を動かすと
円板が遅れて
ついてくる

磁石と円板は
接触していない

図 4.1　アラゴーの円板

---

*1　この動画は https://www.morikita.co.jp/books/mid/074332 で見ることができる．

アラゴーの円板が回転する原理は，

- 磁石の磁束が円板に入り込む．
- 磁石が動くので磁束も移動する．
- 磁束が移動により増減するので電磁誘導による起電力が円板内部に発生する．
- 起電力により円板内部にうず電流が流れる．
- うず電流と磁石の磁界により円板に電磁力が働く．

と説明される．これから述べる誘導機は，このアラゴーの円板の原理を実用化したものと考えてよいであろう．

4.1.2　誘導機の原理

(1) 電　動　機

アラゴーの円板を拡張して次のように考えてみる．図 4.2 に示すような短絡したコイル状の導体を回転磁界中におく．このコイルは回転できるように取り付けられているとする．図のように，永久磁石が回転することで回転磁界ができると考える．回転磁界は一定の回転数 $n_0\,[\mathrm{s^{-1}}]$ で回転しているとする．このとき，磁界が静止しており，相対的に導体が反対方向に $-n_0\,[\mathrm{s^{-1}}]$ で回転していると考えてもよい．導体と磁界が相対的に運動しているので，導体に起電力を生じる（速度起電力）．導体は短絡したコイルなので閉回路になっており，起電力により電流が流れる．この電流は磁界中を流れるので，コイルに力が発生する（電磁力）．コイルの上と下を流れる電流の向きは反対なので，それぞれのコイルに発生する力は反対方向となりトルクが発生する．これが誘導電動機の原理である．

コイルの回転数を $n_2\,[\mathrm{s^{-1}}]$ とする．コイルに誘導起電力が生じるためには，常に $n_0 > n_2$ の状態，つまり，回転磁界のほうが速く回転している必要がある．こうすれ

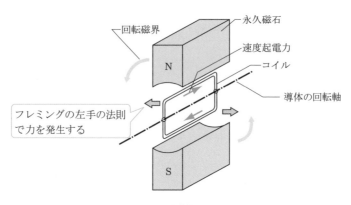

図 4.2　誘導機の原理

ば，コイルは磁界中を相対的に磁界に対して $(n_0 - n_2)$ の回転数で回転していることになる．その相対速度により起電力が誘導され，連続してトルクを発生する．

(2) 発　電　機

ここで，コイルを回転磁界より速く回転させることを考えてみる．すなわち，$n_0 < n_2$ の状態に保つ．このときは発生する力が回転方向と逆向きになる．コイルを止めようとする力がコイルに発生するのである．外部から力を加えないと回転を n_2 に保つことができない．この状態を利用するのが誘導発電機の原理である（図 4.18 参照）．

(3) 滑　り

回転磁界の回転数 n_0 を同期速度[*1]とよぶ．コイルと回転磁界との相対速度 $(n_0 - n_2)$ と同期速度 n_0 の比を滑りという．滑り s は次のように表せる．

$$s = \frac{\overset{\displaystyle \text{コイルの回転数 [s}^{-1}\text{]}}{\overbrace{n_0 - n_2}}}{\underset{\displaystyle \substack{\text{回転磁界の回転数 [s}^{-1}\text{]}\\ \text{滑り（0 で同期速度，1 で停止）}}}{\underbrace{n_0}}} \tag{4.1}$$

滑りは，誘導機の運転状態を表す際の重要な量である．

POINT

滑りは，実際の回転速度と同期速度の差を表したものである．

4.1.3　誘導機の構造

誘導機は構造的に大きく二つの部分に分けられる．回転磁界を作るために巻線を施した固定子，および誘導電流を流すための導体で構成された回転子からなる．

固定子の構造を図 4.3(a) に示す．固定子はリング状の鉄心と巻線[*2]で構成されている．鉄心の内側にはスロットとよぶ溝があり，スロット中に巻線が収められている．鉄心は薄板を積層して作られている．渦電流は軸方向に流れやすいため，渦電流が流れる範囲を極力狭くするために薄板を使用している．巻線は二つのスロットの間を巻かれているため鉄心の端部で他のスロットへ引き回される．この鉄心の外部の引き回しのための部分をコイルエンドとよぶ．固定子を 1 次側とよぶ．図 4.3(b) に固定子の外観写真を示す．固定子巻線に三相交流電流を流すと内側に回転磁界が生じる．

回転子の構造を図 4.4〜4.6 に示す．回転子の鉄心（図 4.4）も薄板を積層して構成する．回転子の巻線にはコイルを用いる場合もあるが[*3]，中小容量ではかご形導体が

---

*1 回転機の分野では，回転数のことを速度（回転速度）とよぶことが多い．本書でも速度とよぶ．
*2 電気機器で利用するコイル（coil）を巻線（windings）とよぶ．
*3 巻線型誘導機とよぶ．大型機に採用される．

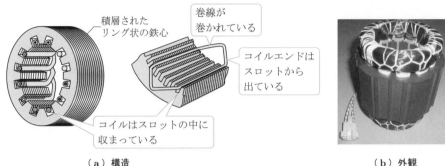

積層された
リング状の鉄心

巻線が
巻かれている

コイルエンドは
スロットから
出ている

コイルはスロットの中に
収まっている

（a）構造　　　　　　　　　　　　　　　　　　（b）外観

図 4.3　誘導機の固定子

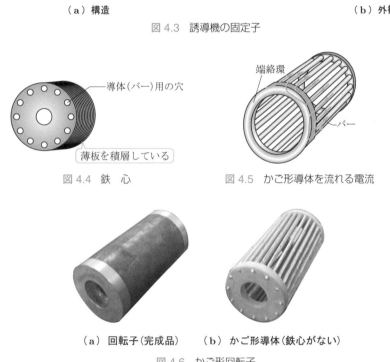

導体（バー）用の穴

薄板を積層している

端絡環

バー

図 4.4　鉄　心　　　　　　　図 4.5　かご形導体を流れる電流

（a）回転子（完成品）　　（b）かご形導体（鉄心がない）

図 4.6　かご形回転子

使われる．かご形導体の内部には図 4.5 に示すような電流が流れる．かご形の導体棒は両端で端絡環により接続されている．図 4.6 に，実際の回転子と内部のかご形導体のみの写真を示す．回転子を 2 次側とよぶ．なお，回転子と固定子の間のすき間をエアギャップとよぶ．

4.1.4　極　数

　固定子に三相交流電流が流れたとき，固定子内側に生じる各相の磁界を合成した回転磁界を描くと図 4.7(a) のようになる．その結果，固定子の内側に S 極と N 極が生

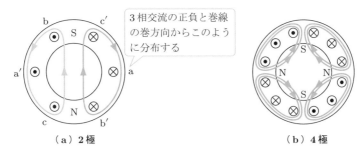

図 4.7　極　数

じる．NとSの二つの極があるので，これを2極とよぶ．極数 $P = 2$ である．スロットおよび巻線の数を2倍にして図 4.7(b) のように配置すれば極数は4である．

2極の場合，交流電流の1周期で磁界が1回転する．ところが4極の場合，交流電流が2周期で磁界が固定子を1回転する．同期速度は，極数により次のように表される．

$$n_0 = \frac{2f}{P} \quad [\mathrm{s}^{-1}]$$

　1次巻線を流れる電流の周波数 [Hz]

　極数

　同期速度 [s^{-1}]

(4.2)

> **POINT**
> N極とS極が，一つずつであれば2極である．

回転数を表す場合，実用上は毎分回転数が使われることが多いので，同期速度は

毎分なので $60 \times 2f$ である

$$N_0 = \frac{120f}{P} \quad [\mathrm{min}^{-1}]$$

同期速度 [min^{-1}]

(4.3)

と表される．

4.1.5　誘導起電力

固定子巻線を流れる交流電流により発生する回転磁界は固定子巻線自身とも鎖交している．そのため，固定子巻線に誘導起電力が生じる（1.3節参照）．いま，ある相の巻線に鎖交する回転磁界の磁束を考える．回転磁界の磁束は移動しているので静止している巻線からは時間的に変化するように見える．巻線に鎖交する磁束 ϕ は次のように表せる．

$$\phi = \Phi_{\mathrm{m}} \cos \omega t$$

＿＿＿ 波高値 Φ_{m} で正弦波状に変化している

＿＿＿ 巻線に鎖交する磁束 [Wb]　　　　　　　　(4.4)

このとき，1 次巻線の一つの相に生じる誘導起電力の実効値は次のようになる（演習問題 1.5 参照）．

$$E_1 = \frac{2\pi}{\sqrt{2}} f \cdot N_1 \cdot \Phi_{\mathrm{m}} = 4.44 f \cdot N_1 \cdot \Phi_{\mathrm{m}}$$

＿＿＿ 回転磁界により鎖交する磁束の波高値 [Wb]

＿＿＿ 1 次巻線の巻数

＿＿＿ 1 次電流の周波数 [Hz]

＿＿＿ 1 次巻線に生じる誘導起電力の実効値 [V]　　(4.5)

いま，回転子が停止しているとする．このとき，回転磁界は回転子に対して回転速度 $n_0 \, [\mathrm{s}^{-1}]$ で移動している．そのため，相互誘導により 2 次巻線にも次式で示す起電力が生じている．

$$E_2 = \frac{2\pi}{\sqrt{2}} f \cdot N_2 \cdot \Phi_{\mathrm{m}} = 4.44 f \cdot N_2 \cdot \Phi_{\mathrm{m}} \tag{4.6}$$

この式は停止中の誘導起電力を表している．

次に，回転子が回転している状態を考える．滑り s で回転しているとすると，回転子と回転磁界の相対速度は

$$n_0 - n_2 = s n_0 \quad [\mathrm{s}^{-1}]$$

＿＿＿ 滑り

＿＿＿ 回転子の速度 [s^{-1}]

＿＿＿ 回転磁界の速度 [s^{-1}]　　　　　　(4.7)

となる．回転中の誘導起電力 E_{2s} は，回転磁界と回転子の相対速度により生じるので，

$$E_{2s} = 4.44 \cdot s \cdot f \cdot N_2 \cdot \Phi_{\mathrm{m}} = s E_2$$

＿＿＿ 停止時の誘導起電力 [V]

＿＿＿ 滑り

＿＿＿ 回転中の 2 次巻線に生じる誘導起電力 [V]

(4.8)

となる．この式は，回転中の誘導起電力は停止時の s 倍になることを示している．さらに，このときの誘導起電力により回転子導体に流れる電流の周波数は

$$f_2 = s f$$

＿＿＿ 1 次巻線電流の周波数 [Hz]

＿＿＿ 滑り

＿＿＿ 2 次巻線を流れる電流の周波数 [Hz]　　(4.9)

であることも示している．sf を滑り周波数とよぶ．

　誘導起電力により発生する回転子導体に流れる滑り周波数の交流電流と固定子の回転磁界により電磁力（1.3.3項参照）が発生する．誘導機を制御するには，滑り周波数を調節することが重要である．したがって，誘導機の速度は

$$N = N_0(1 - s)$$

同期速度 $[\mathbf{min^{-1}}]$

滑り

回転子の回転速度 $[\mathbf{min^{-1}}]$

(4.10)

と表される．

4.2　誘導電動機の等価回路

4.2.1　等価回路の導出

　誘導電動機の固定子と回転子は，磁気的には変圧器として結合している．図 4.8(a) に示すように巻線された変圧器に，図 (b) のように鉄心にギャップを入れ，さらに図 (c) のように脚を丸くし，さらに巻線を脚内のスロットに埋め込めば，図 (d) のような誘導機の構造になる．このことから変圧器と誘導機の磁気回路は類似であることがわかる．そこで，変圧器の等価回路をもとにして誘導電動機の等価回路を考えてみよう．

　回転子が静止しているとすれば，図 4.9 に示すような理想変圧器を用いた回路を考えることができる．図では，変圧器の 2 次側の出力を短絡している．これは，回転子

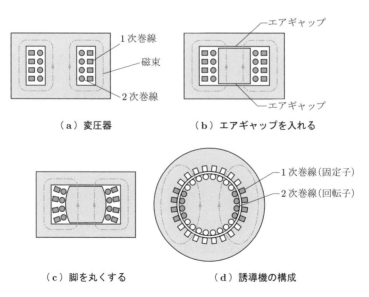

（a）変圧器　　　　　　　　　　（b）エアギャップを入れる

（c）脚を丸くする　　　　　　　（d）誘導機の構成

図 4.8　変圧器と誘導機

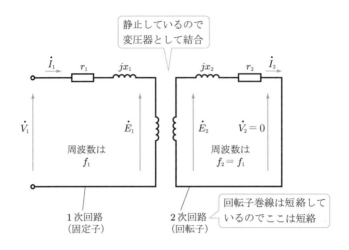

図 4.9　静止時の等価回路（1 相分）

の巻線がループ状に短絡していることを示している．等価回路は 1 相分で考えるので，1 次側に印加される電圧 $\dot{V}_1$ は相電圧である．その周波数を f_1 とする．回転子が静止しているので，2 次回路の電流の周波数 $f_2 = f_1$ である．

滑り s で回転しているとき，同様な回路を書いてみると図 4.10 のようになる．回転子の誘導起電力は式 (4.8) に示すように s 倍され，sE_2 になる．回転子回路を流れる電流の周波数は s 倍されるので sf_1 となる．周波数が s 倍なので，回転子のリアクタンスも s 倍になる．しかし，1 次，2 次の周波数が異なるので，この状態では変圧器として考えることはできない．

そこで，次のように考えてみる．まず，図 4.10 の 2 次回路の電流を求める．

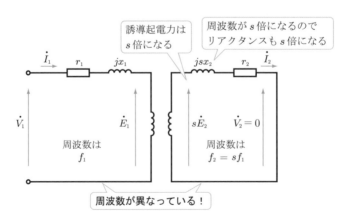

図 4.10　回転時の等価回路

$$I_2 = \frac{sE_2}{\sqrt{r_2{}^2 + (sx_2)^2}}$$

—— 2 次巻線の誘導起電力 [V]

—— 2 次回路のインピーダンス [Ω]

—— 2 次回路の電流 [A]

(4.11)

この式の右辺を整理すると，次のように書くことができる．

$$I_2 = \frac{E_2}{\sqrt{\left(\dfrac{r_2}{s}\right)^2 + x_2{}^2}}$$

(4.12)

この式は，回転子の電流が E_2 で表せることを示している．つまり，このときの電流の周波数は $f_2 = f_1$ となっていると考えることができる．このように，r_2 を r_2/s に置き換えて考えれば 1 次，2 次の周波数が同一となる．したがって，変圧器として扱うことができる．この置き換えにより 2 次回路は図 4.11 のように変換して表すことができる．誘導電動機全体の等価回路は，図 4.12(a) のようになる．

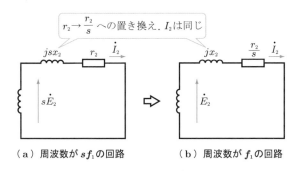

図 4.11　2 次回路の変換

いま，電動機を考えているので等価回路に機械的出力を導入する必要がある．誘導電動機の 2 次側に供給される電力を 2 次入力 P_2 [W] とよぶ．2 次入力は，2 次回路の損失となる以外はすべて機械的出力になるはずである．2 次入力は，図 4.12(a) から次のように表すことができる．

$$P_2 = \frac{r_2}{s}I_2{}^2$$

—— 2 次抵抗 [Ω]

—— 2 次電流 [A]

—— 2 次入力：回転子に供給される電力 [W]

(4.13)

出力 P_{out} は，2 次入力 P_2 から 2 次銅損 P_{c2} を差し引けば求まるので，

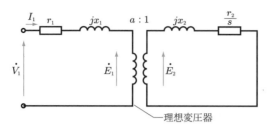

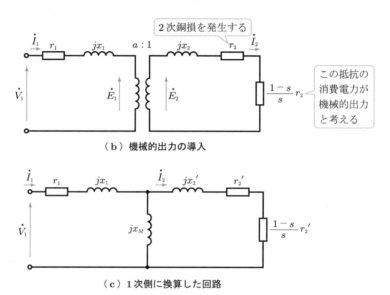

（a）理想変圧器を用いた等価回路

（b）機械的出力の導入

（c）1 次側に換算した回路

図 4.12　等価回路

$$P_{\text{out}} = P_2 - P_{c2} = \frac{r_2}{s}I_2{}^2 - r_2 I_2{}^2 = \frac{1-s}{s}r_2 I_2{}^2$$

2 次銅損 [W]
2 次入力 [W]
機械的出力 [W]

(4.14)

となる．したがって，2 次抵抗 r_2/s を次のように分離すれば，銅損と機械的出力をそれぞれ表現できることになる．

$$\frac{r_2}{s} = r_2 + \frac{1-s}{s}r_2$$

滑りに応じて変化する抵抗成分 [Ω]
実際の 2 次抵抗 [Ω]
等価回路での 2 次抵抗 [Ω]

(4.15)

機械的出力は右辺第 2 項の $\dfrac{1-s}{s}r_2$ で消費する電力として表すことができる. 機械的出力を表した等価回路を図 4.12(b) に示す.

ここで, 第 3 章で述べたように変圧器の巻数比 a を導入し, 2 次側諸量を 1 次側に換算する. 変圧器の巻数比 a は次のような定義であった (式 (3.7) 参照).

$$a = \frac{E_1}{E_2} = \frac{N_1}{N_2} \tag{4.16}$$

巻数比を用いて 2 次側の諸量を 1 次側に換算すると, 次のように表すことができる.

$$\left.\begin{array}{l} r_2' = a^2 r_2 \\[4pt] x_2' = a^2 x_2 \\[4pt] E_2' = a E_2 \\[4pt] I_2' = \dfrac{I_2}{a} \end{array}\right\} \quad\begin{array}{l}\text{巻数比による 2 次側諸量の 1 次側への換算}\\ \text{(3.2.2 項の変圧器参照)}\end{array} \tag{4.17}$$

以上を用いれば, 巻数比が 1 の変圧器と考えることができ, 1 次, 2 次を共通の回路で考えることができる. いま, 変圧器の相互インダクタンスに相当する励磁リアクタンスを x_M とおくと, 図 4.12(c) のような回路が得られる.

変圧器と同様に等価回路に鉄損を導入する. 鉄損コンダクタンスを g_0, 励磁サセプタンスを b_0 として, 励磁回路をアドミタンス $\dot{Y}_0$ で記述すると図 4.13 に示す誘導電動機の T 形等価回路が得られる.

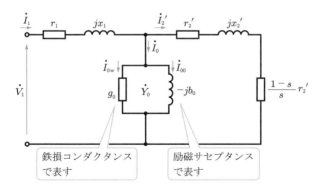

図 4.13　T 形等価回路

変圧器と同様に 1 次回路による電圧降下が無視できるとすれば, 取り扱いが容易な, L 形等価回路 (簡易等価回路) が得られる. これを図 4.14 に示す.

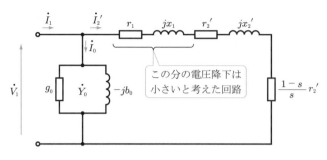

図 4.14　L 形等価回路

4.2.2　等価回路定数の決定

等価回路定数の測定法について述べる．測定方法は変圧器の定数決定方法と類似である．3 種類の測定を行うことにより定数を求めることができる．

(1) 抵 抗 測 定

巻線抵抗を端子間で測定する．三つの端子間のそれぞれを測定し平均する．このとき，測定値は三相 Y 結線であれば二つの相の抵抗となるので，測定値を 1/2 倍する．

また，巻線抵抗値は値が小さいため，温度による変化が大きい．そのため等価回路には基準温度が設けられており，抵抗値を基準温度に換算する必要がある．銅線の場合，式 (2.16) を用いる．

(2) 無負荷試験

無負荷試験とは，電動機の軸に何も接続しない無負荷状態で回転させる試験である．まず定格周波数の定格電圧を印加し無負荷運転する．このときの電流，入力電力を測定する．無負荷のときには滑り s が 0 と考えることができるので，出力を表す抵抗 $\dfrac{1-s}{s}r_2'$ は無限大と考えることができる．つまり，2 次側の回路が開放している状態である．そのため，図 4.15 のような励磁回路のみの等価回路と考えることができる．このとき，等価回路の諸量の関係は次のようになっている．

$$P_0 = I_{0w}V_0 = g_0V_0{}^2$$

相電圧（定格電圧）[V]
鉄損コンダクタンス [S]
鉄損電流 [A]
無負荷試験での入力電力（測定値）[W]　　　　(4.18)

$$I_0 = Y_0V_0 = \sqrt{g_0{}^2 + b_0{}^2}V_0$$

相電圧 [V]
励磁アドミタンス [S]
無負荷試験での電流（測定値）[A]　　　(4.19)

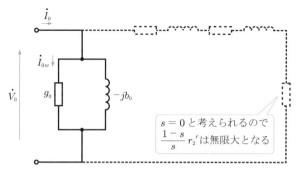

図 4.15 無負荷試験時の等価回路

ここまでは変圧器の無負荷試験とまったく同じ考え方である．変圧器では，ここまでの測定で定数を計算することができた．しかし，回転機では回転により発生する機械損を分離する必要がある．機械損とは，軸受けの摩擦や回転の空気抵抗（風損）などに必要な動力であり，損失となる．

無負荷運転の状態で電圧を徐々に下げて，電圧に対する入力の変化を求める．安定に運転できる最低電圧まで行う．測定値を外挿して電圧ゼロに相当する値が機械損 P_m [W] を示す．鉄損は，ほぼ電圧の 2 乗に比例して変化するが，機械損は，一定回転であれば電圧によって変化することはない．測定値を外挿するときには，図 4.16(a) で示す通常のグラフよりも，図 (b) に示す片対数グラフを利用すると機械損を求めるときに直線となるので便利である．

測定値を次のように表すことにする．

測定した三相の電力　：P_{03}

測定した三相の線間電圧　：V_{03}

測定した電流　：I_0

測定値からは，次のように g_0 と b_0 を求めることができる．

$$g_0 = \frac{P_{03} - P_m}{3\left(\dfrac{V_{03}}{\sqrt{3}}\right)^2} \quad [\text{S}]$$

測定した三相電力 [W]
機械損 [W]
測定した線間電圧を相電圧に変換 [V]
1 相分に換算
鉄損コンダクタンス [S]

(4.20)

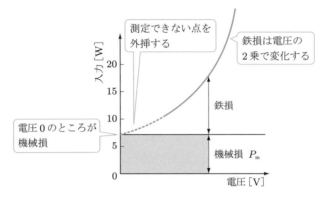

（a）通常のグラフで表す

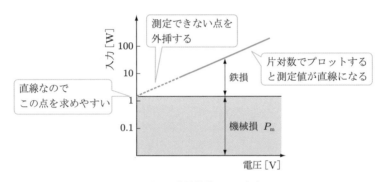

（b）片対数グラフで表す

図 4.16　機械損の測定

$$b_0 = \sqrt{\left(\frac{I_0}{V_{03}/\sqrt{3}}\right)^2 - {g_0}^2} \quad [\text{S}] \qquad (4.21)$$

測定した電流 [A]

鉄損コンダクタンス [S]

測定した線間電圧を相電圧に変換 [V]

このとき等価回路は 1 相分で考えているので，測定した端子電圧は三相の線間電圧であり，1 相分に変換するために $1/\sqrt{3}$ している．また，測定した電力も 1 相分なので $1/3$ 倍している．

(3) 拘束試験

拘束試験とは，変圧器の短絡試験に相当するものである．拘束試験は，電動機の回転子が回転しないように軸などを拘束して行う．このときの等価回路は図 4.17 のようになると考えられる．拘束試験は低電圧で行うので，励磁回路にはごくわずかしか電流が流れない．そこで，励磁回路が存在しないと考えることができる．回転していな

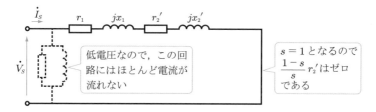

図 4.17　拘束試験の等価回路

いので $s = 1$ である．機械出力 $\dfrac{1-s}{s}r_2'$ はゼロである．

　拘束試験は，電流が定格電流になるような低電圧を印加し，そのときの電圧電力を測定する．測定結果を用いて次のような計算を行う．

　三相の測定値を次のように表す．

　拘束試験で測定した線間電圧　　：$V_{S3} = \sqrt{3}V_S$

　定格電流　：I_S

　拘束試験での三相入力電力　　：P_{S3}

$$r_1 + r_2' = \frac{P_{S3}}{3I_S{}^2} \quad [\Omega]$$

　　　　　　　　　　測定した三相電力 [**W**]

　　　　　　　　　　定格電流 [**A**]

　　　　　　　　　　1 相分に換算

　　　　　　　　　　1 次側に換算した 2 次抵抗 [**Ω**]

　　　　　　　　　　1 次抵抗 [**Ω**]

　　　　　　　　　「入力は二つの抵抗で消費される」 　　　　　　　　(4.22)

これより，

$$r_2' = \frac{P_{S3}}{3I_S{}^2} - r_1 \quad [\Omega] \tag{4.23}$$

となる．したがって，

$$x_1 + x_2' = \sqrt{\left(\frac{V_{S3}/\sqrt{3}}{I_S}\right)^2 - (r_1 + r_2')^2} \quad [\Omega]$$

　　　　　　　　　　測定した線間電圧を相電圧に変換 [**V**]

　　　　　　　　　　1 次側に換算した 2 次抵抗 [**Ω**]

　　　　　　　　　　1 次抵抗 [**Ω**]

　　　　　　　　　　定格電流 [**A**]

　　　　　　　　　　1 次側に換算した 2 次リアクタンス [**Ω**]

　　　　　　　　　　1 次リアクタンス [**Ω**] 　　　　　　　　　　(4.24)

となる．なお，L形等価回路の場合は，ここで求めた $x_1 + x_2'$ の値をそのまま使えるが，T形等価回路の場合 x_1 と x_2' を分離する必要がある．通常は $x_1 = x_2'$ と仮定して分離する．

4.2.3　等価回路による特性算定

　L形等価回路から特性を求めることができる．ここでは式の導出は行わず，結果だけ示す．なお，電圧は1相分の相電圧で，電力は三相分で示してある．

(1) 電　流

(a) 励磁電流（無負荷電流ともよばれる）

$$I_0 = V_1 \sqrt{{g_0}^2 + {b_0}^2}$$

励磁サセプタンス [S]
鉄損コンダクタンス [S]
相電圧 [V]
励磁電流 [A]

(4.25)

(b) 回転子電流（回転子電流 I_2' は負荷電流ともよばれる）

$$I_2' = \frac{V_1}{Z}, \quad \text{ただし,} \quad Z = \sqrt{\left(r_1 + \frac{r_2'}{s}\right)^2 + (x_1 + x_2')^2}$$

励磁回路以外のインピーダンス
回転子電流

(4.26)

(c) 入 力 電 流

入力電流は次のようにベクトル和で表される．

$$\dot{I}_1 = \dot{I}_0 + \dot{I}_2'$$

2次電流 [A]
励磁電流 [A]
1次電流 [A]

(4.27)

$$I_1 = V_1 \sqrt{\left\{g_0 + \frac{r_1 + (r_2'/s)}{Z^2}\right\}^2 + \left(b_0 + \frac{x_1 + x_2'}{Z^2}\right)^2}$$

すべてのサセプタンス成分 [S]
すべてのコンダクタンス成分 [S]
相電圧 [V]
1次電流 [A]

(4.28)

(2) 電　力

(a) 1 次 入 力

$$P_1 = 3 \cdot V_1 \cdot I_1 \cos\theta = 3{V_1}^2 \left\{ g_0 + \frac{r_1 + (r_2'/s)}{Z^2} \right\}$$

全コンダクタンス [S]
相電圧 [V]
三相分
力率
1 次電流（線電流）[A]
相電圧 [V]

(4.29)

(b) 2 次 入 力

2 次入力は 1 次入力から 1 次銅損，鉄損を引いたものであるが，次の式でも求めることができる.

$$P_2 = 3{V_1}^2 \frac{r_2'/s}{Z^2}$$

2 次回路のインピーダンス [S]
相電圧 [V]
相数
2 次入力 [W]

(4.30)

(c) 機 械 出 力

2 次入力から 2 次銅損を差し引いて求める.

$$P_{\mathrm{o}} = (1-s)P_2$$

2 次入力 [W]
2 次銅損 [W]
機械的出力 [W]

(4.31)

(d) 軸 出 力

機械損は内部で消費されるので軸出力にはならない.

$$P_{\mathrm{out}} = P_{\mathrm{o}} - P_{\mathrm{m}}$$

機械損 [W]
機械的出力 [W]
軸出力 [W]

(4.32)

(3) 特　性

(a) 力　率

力率はコンダクタンスとアドミタンスの比である.

$$\cos\theta = \frac{g_0 + \dfrac{r_1 + (r_2'/s)}{Z^2}}{\sqrt{\left\{g_0 + \dfrac{r_1 + (r_2'/s)}{Z^2}\right\}^2 + \left(b_0 + \dfrac{x_1 + x_2'}{Z^2}\right)^2}} \times 100\,[\%]$$

コンダクタンス成分

アドミタンス成分

$$(4.33)$$

(b) 効　率

効率は入力と出力の比である.

$$\eta = \frac{P_{\mathrm{out}}}{P_1} \times 100\,[\%]$$

軸出力 [**W**]

1 次入力 [**W**]

効率

$$(4.34)$$

(c) ト ル ク

軸の角速度を ω_{m} とすると,

$$T = \frac{P_{\mathrm{out}}}{\omega_{\mathrm{m}}}$$

軸出力 [**W**]

角速度 [**rad/s**]

トルク [**N m**]

$$(4.35)$$

となる. ここで機械損を無視して機械出力 P_{o} を出力と考えると

$$T = \frac{P_{\mathrm{o}}}{\omega_{\mathrm{m}}} = \frac{(1-s)P_2}{(1-s)\omega_0} = \frac{P_2}{\omega_0}$$

機械出力 [**W**]

2 次入力

同期角速度 [**rad/s**]

角速度 [**rad/s**]

トルク [**N m**]

$$(4.36)$$

となる. この式は, 2 次入力はトルクに比例することを表している. そのため, 2 次入力を同期ワットとよぶことがある.

4.3　誘導電動機の特性

ここでは，誘導電動機の動作と特性について述べる．

4.3.1　トルク特性

誘導機の滑り s を 1.5 から −1.5 まで変化させたときのトルクの変化を図 4.18 に示す．滑りが 1 の状態は誘導機が回転していない状態を示す．また，滑りが 0 の状態は誘導機が同期速度で回転している状態である．この図は右側ほど回転数が高い．滑りが $0 < s < 1$ の間を電動機動作という．この領域では，誘導機の発生するトルクは回転磁界と同方向である．

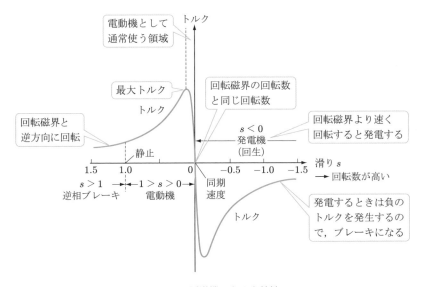

図 4.18　誘導機のトルク特性

同期速度以上で回転すると $s < 0$ となる．この状態では，電動機の発生トルクは負になっている．この状態は誘導機が回転磁界と同方向に回転しているが，回転方向とは逆の制動方向のトルクを発生することになる．つまり，減速させようと働く．このときは発電機動作をしている．電源に接続し，同期速度よりも速く回せば誘導発電機として動作する．このようにして，機械エネルギーを電気エネルギーに変換して電源にもどすのである．電動機を滑りが負の $s < 0$ の状態にして発電機動作させることを回生という．電動機の制御によりこの状態を作り出せば，回生ブレーキとして使用できる．

図 4.18 の左側の $s > 1$ の領域では，誘導機は回転磁界に対し逆向きに回転していることに相当する．したがって，発生トルクは回転磁界と同方向なので制動トルクを発生している．この状態を逆相制動という．

 POINT

誘導機は，滑りにより電動機になったり発電機になったりする．

4.3.2　速度特性

誘導機の滑りが 0 から 1 の間の特性を図 4.19 に示す．ここでは電動機動作している．このような特性は速度特性とよばれる．滑りが 0 に近いあたりで最大トルクとなっている．最大トルクは電動機が発生する最大のトルクであり，これより負荷のトルクが大きいと電動機は運転することができず，停止してしまう．そのため停動トルクともよばれる．電動機として使用する場合，通常は最大トルクの右側で使用する．したがって，滑りはたかだか数 % で運転する．そのため，負荷トルクが大きく変化しても数 % 程度しか速度が変化しないことになる．つまり，誘導電動機は負荷にかかわらずほぼ一定速で運転できるという特徴がある．

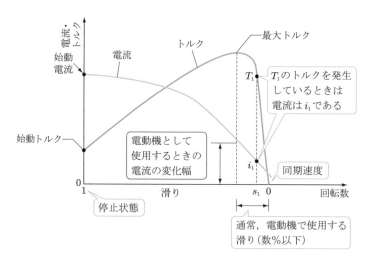

図 4.19　誘導電動機の速度特性

また，図 4.19 には滑りに対する電流の変化も示してある．この図は，滑りが s_1 のときには発生トルクは T_1 であり，そのときの 1 次電流は i_1 であることを示している．電流は滑り 1 の停止状態で最大で，滑りの減少とともに低下し，同期速度で最小値になる．

　電動機が停止状態で発生するトルクを始動トルクという．始動トルクは通常，定格トルクより小さい．また始動時には電流が最大である．これを始動電流とよぶ．始動後，加速すると滑りが低下し，それにともない電流が低下する．始動電流は通常，定格電流の 6〜8 倍程度である．

　誘導電動機では，始動トルクの不足や大きな始動電流による各部の発熱などの問題を生じることがある．そのため，始動時に Y 結線にすると相電圧が $1/\sqrt{3}$ になるので始動電流が低下する．加速後 Δ 結線に切り換えれば各相に全電圧が印加できる．これを Y – Δ 始動という．そのほか各種の始動方式[*1]が使われることがある．

　トルクは，式 (4.30)，(4.36) を用いると次のように書くことができる．

$$T = \frac{P_2}{\omega_0} = \frac{3}{\omega_0} {V_1}^2 \frac{r_2'/s}{(r_1 + r_2'/s)^2 + (x_1 + x_2')^2} \tag{4.37}$$

この式は，トルクが r_2'/s により変化することを示している．つまり，2 次抵抗 r_2' が変化しても滑り s がそれに応じて変化すれば，トルクは変わらないということを表している．図 4.20 に示すように，2 次抵抗が 2 倍になったとき，滑りが 2 倍のところではトルクが等しくなる．このような性質を比例推移という．巻線型誘導機では，2 次巻線に外部から抵抗を接続できる．そこで，外部から 2 次抵抗値を調節することで望みの滑りを得ることができる．この方法により，巻線型誘導機の回転数を制御することができる．

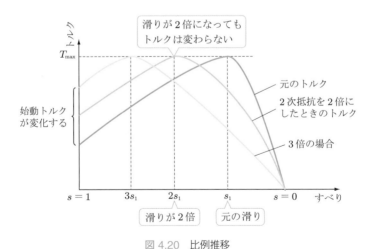

図 4.20　比例推移

4.3.3　負荷特性

　誘導電動機は，同期速度と最大トルクの間の滑りの小さな領域で運転する．この範囲の特性を示したのが負荷特性である．負荷特性を図 4.21 に示す．横軸は出力である．ここでは，定格出力を 100 ％ としてパーセント表示している．

　負荷特性は出力特性ともよばれる．速度，効率，力率，1 次電流，滑りなどの出力による変化を示している．また，定格出力付近で効率が最大になっていることがわかる．

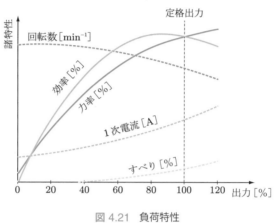

図 4.21　負荷特性

4.4　誘導電動機の速度制御

　誘導機の速度は式 (4.3) と式 (4.10) を用いると，周波数，極数，および滑りによって表される．

$$N = \frac{120 \cdot f}{P}(1 - s)$$

回転磁界の周波数（電源周波数）[Hz]
滑り
極数
速度 [min^{-1}]

$$(4.38)$$

　この式の右辺の f，P または s のいずれかを変化させれば，誘導電動機の速度が制御できる．

4.4.1　滑り s を調節する方法

　誘導電動機は滑りが小さければ，トルクは滑りにほぼ比例する．これは電圧が一定という条件の下である．ところが，式 (4.37) をみるとトルクは電圧の 2 乗に比例している．そこで，電圧を変更することを考える．電圧を調節したときの誘導電動機の

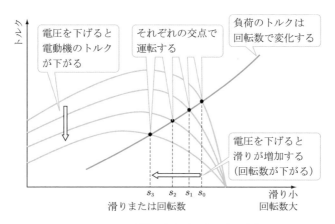

図 4.22　電圧制御したときのトルクの変化

トルクを図 4.22 に示す．電圧を下げてゆくと図に示すようにトルクが低下してゆく．いま，この電動機が駆動している負荷の必要とするトルクが図のように回転数に応じて変化するものとする．横軸は，負荷に対しては実際の回転数と対応させる必要がある．このとき，電動機のトルク曲線と負荷のトルク曲線の交点となる回転数で運転する．すなわち，電動機の発生するトルクと負荷の必要とするトルクが釣り合う回転数で運転する．

　何らかの方法で 1 次電圧を低下させれば，滑りは $s_0 \rightarrow s_1 \rightarrow s_2 \rightarrow s_3$ と増加してゆく（図 4.22）．つまり，滑りが大きくなってゆくので速度制御が可能である．

　実際に 1 次電圧を調節するには，交流電圧を制御する必要がある．サイリスタを使った電圧調整装置などを用いる．なお，巻線型誘導機では，外部に抵抗を接続すれば式 (4.37) に示す r_2' が変化するのでトルクと滑りが比例推移し，容易に速度制御できる．

4.4.2　極数 P を変更する方法

　極数は巻線の数と分布で決まるが，あらかじめ極数を変更できるように巻線しておく極数切換電動機というものがある．二つの巻線の接続を直列並列に切り換えれば極数を変更できる．図 4.23 に極数切換の例を示す．

　巻線の接続を切り換えることにより電流の方向を切り換え，2 極と 4 極を切り換えている．極数は N 極と S 極の数なので，2, 4, 6, 8, …と段階的に変更できる．

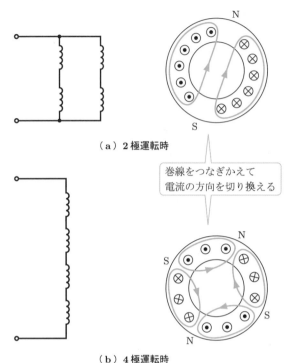

（a）2極運転時

巻線をつなぎかえて
電流の方向を切り換える

（b）4極運転時

図 4.23　極数切換電動機

4.4.3　周波数 f を変更する方法

　電源周波数を変更すれば，周波数に比例して速度制御が可能である．インバータは，直流電力を交流電力に変換するパワーエレクトロニクス機器である．インバータを使えば容易に周波数が制御できる．

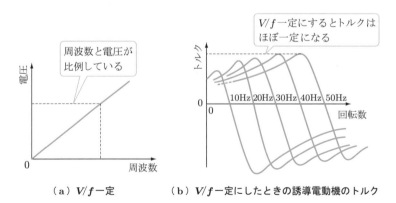

周波数と電圧が
比例している

V/f一定にするとトルクは
ほぼ一定になる

10Hz 20Hz 30Hz 40Hz 50Hz

回転数

（a）V/f 一定　　　（b）V/f 一定にしたときの誘導電動機のトルク

図 4.24　インバータによる周波数の制御

　しかし，電圧が同一で周波数を変更すると，式 (4.8) で示した誘導起電力が変化する．このことは電圧が同一ならトルク，電流などが変化することになる．誘導起電力と端子電圧が等しいと考えて，周波数と電圧の比を一定にして周波数を変更すれば，誘導起電力は変化しない．そこで，V/f 一定制御が使われる．図 4.24 に示すのは，V/f 一定制御により周波数を変化させたときの発生トルクである．

　誘導電動機は，商用電源で駆動するとほぼ一定速の電動機であるが，インバータを使って V/f 一定制御を行えば，容易に速度制御できる．

4.5　単相誘導電動機

　単相誘導電動機は，単相交流電源で使用できる電動機である．これまで三相交流による回転磁界をもとに説明してきたが，単相誘導電動機は単相交流電流により回転する電動機である．

　単相交流で回転磁界を作るためには二つの巻線が必要である．図 4.25 に示すような空間的に $\pi/2$ [rad] 離れた位置にある二つの巻線を考えよう．それぞれの巻線に $\pi/2$ [rad] の位相差のある電流を流したとする．

$$i_{\mathrm{M}} = I_{\mathrm{m}} \cos \omega t$$

　　　　　　　　　　　　主巻線電流 [A]　　　　　　　　　　　　　　　(4.39)

$$i_{\mathrm{A}} = I_{\mathrm{m}} \cos \left(\omega t + \frac{\pi}{2} \right)$$

　　　　　　　　　　　　　　　　位相が 90° 進んでいる

　　　　　　　　　　　　補助巻線電流 [A]　　　　　　　　　　　　　　(4.40)

このとき，主巻線 M から角度 θ の位置において二つの巻線の磁界を合成した磁束密度は次のようになる．

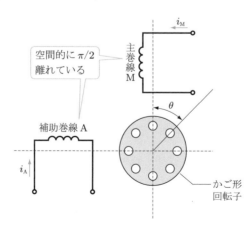

図 4.25　2 相巻線による誘導機

$$B = \overbrace{KI_{\mathrm m}\sin\theta\cos\omega t}^{\substack{\text{合成磁束密度 [T]}\\\text{主巻線の磁束}}} - \overbrace{\cos\theta\sin\omega}^{\text{補助巻線の磁束}}$$

$$= KI_{\mathrm m}\sin(\theta - \omega t) \tag{4.41}$$

ただし，K は定数である．

　この式は，磁束密度 B は時間 t の変化に応じて，空間的に θ が変化する回転磁界であることを示している．図に示すように，三相誘導機と同様なかご形回転子を用いれば，電動機として動作が可能である．

　構造的には単相巻線（主巻線 M）に対して 90 度の位置にもう一つの巻線（補助巻線 A）を設ければ単相電動機となる．しかし，二つの巻線の電流には $\pi/2\,[\mathrm{rad}]$ の位相差が必要である．そのため，単相交流から位相の異なる二つの交流電流（二相交流電流）が得られるようにする必要がある．

　二つの巻線を流れる電流に位相差をもたせるためにコンデンサを用いる．図 4.26 に示すのは，補助巻線に直列にコンデンサを接続したものである．巻線のインダクタンスに対応する容量のコンデンサにより電流の位相を 90 度進める．このような電動機をコンデンサモータとよんでいる．

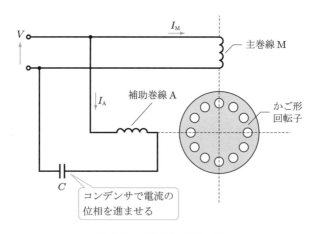

図 4.26　コンデンサモータ

　単相交流はプラスマイナスに振動する磁界を生じる．これを交番磁界という．しかし，交番磁界はそれぞれ大きさが半分の右回りの磁界と左回りの磁界の合成であると考えることもできる．このように考えると，図 4.27 に示すように正方向，逆方向ともトルクが発生することになる．ただし，停止状態である滑りが 1 のときの始動トルク

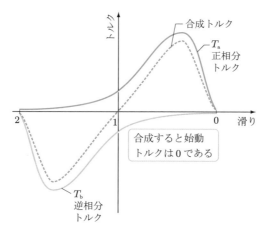

図 4.27　純単相誘導電動機の速度 – トルク特性

はゼロである．したがって，何らかの方法で正，逆いずれかの方向に回転させればトルクが発生するので回転が持続して加速し，電動機として動作できることになる．つまり，運転時は主巻線のみで運転できることになる．

　そこで，始動方法がいろいろ工夫されている．コンデンサ始動方式は，始動時のみコンデンサを用いた補助巻線を接続する方式である．回路を図 4.28 に示す．始動時のみスイッチを閉じ，補助巻線に電流を流す．始動加速後，スイッチを開き，純単相の誘導電動機として動作する．

　くま取りコイル型誘導電動機は，図 4.29 に示すように磁極の一部に 1 回巻きのくま取りコイル*1 が巻かれている．主巻線電流による磁束がくま取りコイルと鎖交し，誘

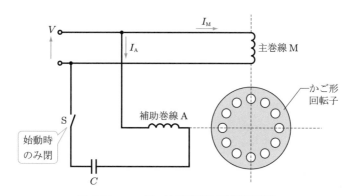

図 4.28　コンデンサ始動型単相誘導電動機

---

*1　くま取り（shading）とは，顔に陰影を描く歌舞伎の化粧法である．ここでは，磁気的な影をつくるコイルをいう．

導起電力が生じて，くま取りコイルに電流が流れる．くま取りコイルの電流による磁界が発生するが，この磁界は主磁束よりも時間的に遅れて生じる．そのため，主磁束からくま取りコイルの方向へ磁界が移動する．移動磁界により始動トルクを発生する．加速後は純単相誘導電動機として動作する．

　以上に述べた単相誘導電動機は，家電機器など三相電源の得られない用途で使われている．

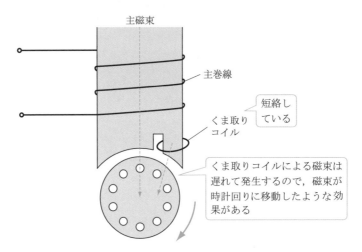

図 4.29　くま取りコイル型単相誘導電動機

4.6　誘導機はどこで使われているか

　誘導電動機は商用電源に接続するだけで回転する．しかも，負荷にかかわらずほぼ一定速で回転する．そのため，動力源として広く使われている．

(1) 屋　内

　家庭では，換気扇や扇風機の駆動に単相誘導電動機が使われている（図 4.30）．レンジフードはガスコンロの上に配置され，燃焼空気や調理による煙などを屋外に排気する．内部にはファンと単相誘導電動機がある（図 4.31）．

　全自動洗濯機は，図 4.32 に示すように洗濯漕の下に電動機が取り付けられている．洗濯と脱水の回転数が大きく違うため，一つの誘導電動機でプーリーを切り換える．また，ビルなどの高層階へ水道を供給するポンプの駆動には誘導電動機が使われている（図 4.33）．

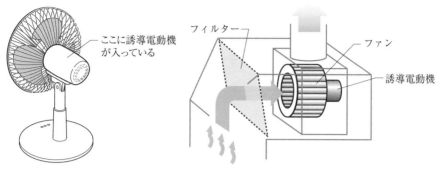

図 4.30　扇風機　　　　　　　　　　　図 4.31　換気扇，レンジフード

図 4.32　洗濯機

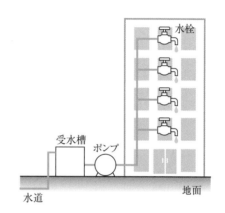

図 4.33　水道ポンプ

(2) 屋　外

　街に出ても誘導電動機が多く使われている．電車の車輪を含む部品を台車という．台車の内部には図 4.34 に示すように誘導電動機が組み込まれている．エレベータやエスカレータも誘導電動機で駆動されている．エスカレータには極数切換電動機が使われる場合もある．エスカレータの構造を図 4.35 に示す．

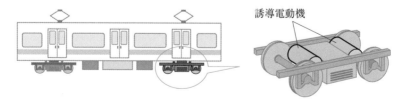

図 4.34　電車の誘導電動機

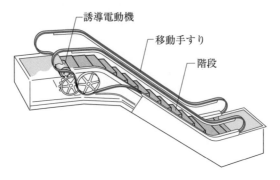

図 4.35　エスカレータの構造

(3) 工場など

　工場で使われる機械にも誘導電動機は使われている．図 4.36 に示すベルトコンベア
は空港の荷物受け取りでも見かけるが，誘導電動機でベルトを駆動している．

　電動機は以上のように，さまざまな場面でさまざまな形状で用いられているが，電
動機が簡単に使えるように標準電動機というものが単体で販売されている．図 4.37 に
標準電動機の外観を示す．標準電動機は寸法，性能などが規格で決められた既製品で，
特別注文しなくても容易に使うことができる．

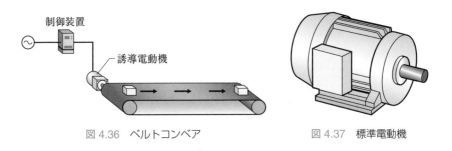

図 4.36　ベルトコンベア　　　　　図 4.37　標準電動機

🖉 第 4 章の演習問題

4.1　　8 極の誘導電動機を 60 Hz 電源で運転したとき滑りが 3 % であった．このときの毎分
回転数を求めよ．

4.2　　三相誘導電動機が 11 N m のトルクを発生して 1720 min^{-1} で運転している．このと
きの電動機の出力を求めよ．

4.3　　三相，4 極，3300 V，200 kW の誘導電動機が定格出力で運転している．このとき電
動機の効率は 90 %，力率は 88 % であった．電動機の入力を求めよ．

4.4　　定格出力が 3 kW の三相誘導電動機が定格で運転しているときの 2 次銅損が 150 W
であった．このときの滑りはいくらか．

4.5　定格 2 kW, 200 V, 50 Hz の 4 極の三相誘導電動機の定数測定のための試験を行っ
たところ次のような結果が得られた. L 形等価回路の定数を求めよ. ただし基準温度は
75°C とする.

  (1) 抵抗測定：室温 20°C において, 端子間の抵抗は 0.822 Ω であった.
  (2) 無負荷試験：定格電圧において, 無負荷電流 $I_0 = 2.5$ A, 無負荷入力 $P_0 = 120$ W
  であった.
  (3) 拘束試験：回転子を拘束して定格電流 $I_S = 8$ A を流したときの線間電圧
  $V_S = 40$ V, 入力 $P_S = 240$ W であった.

4.6　4 極の三相誘導電動機が 50 Hz の電源で, 滑りが 0.03 で運転している. このとき次
を求めよ.

  (1) 同期速度
  (2) 実際の速度（回転子の実際の回転速度）
  (3) 回転子の巻線を流れている電流の周波数

5 同期発電機

　火力発電所のタービンで回す発電機，水力発電所の水車で回す発電機など電力を作り出すために同期発電機が使われている．同期発電機は回転数と発電周波数が比例する．これを同期という．つまり，回転が安定していれば周波数も安定する．本章では，電力用の発電機を中心に同期発電機の基本を述べる．

5.1　同期発電機の原理と構造

5.1.1　同期発電機の原理

　同期発電機の基本構造を図 5.1 に示す．固定子には三相巻線が巻かれている．この巻線は図 2.4 で示したものと同一である．内側の回転子にも巻線が巻かれている．回転子の巻線に直流電流を流す．すると図に示すように，回転子の両端に N 極，S 極ができる．つまり，回転子は永久磁石と考えてもよい．

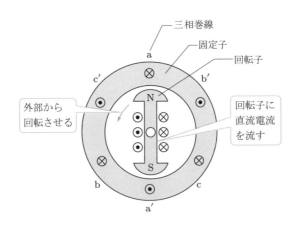

図 5.1　同期発電機の構造

　回転子を外部から回転させる．すると回転子の発生する磁界が回転するので，回転磁界ができることになる．磁界が回転するので，静止している固定子の巻線と鎖交する磁束が変化することになる．それにより固定子巻線に誘導起電力が発生する．この起電力を利用するのが同期発電機である．

5.1.2 誘導起電力

三相巻線に生じる誘導起電力を図 5.2 に示す．回転子が回転すると三つの巻線に誘導起電力が生じる．各巻線の起電力は，回転の時間差により $2\pi/3$ の位相差がある三相交流となる．この図からわかるように，回転子が 1 回転したときに三相交流の 1 周期分の誘導起電力が生じる．ある相に生じる誘導起電力は次のように表される．

$$e = -N_1 \frac{d\phi}{dt} \quad [\mathrm{V}]$$

巻数 ── N_1
鎖交磁束の時間変化 [Wb/s] ── $\frac{d\phi}{dt}$
誘導起電力 [V] ── e

$$(5.1)$$

回転磁界の磁束分布が正弦波状に分布していると仮定すると次のように表すことができる．

$$\phi = \Phi_{\mathrm{m}} \cos \omega t \quad [\mathrm{Wb}]$$

正弦波状に分布している
回転子の 1 回転を 1 周期とした角周波数 [rad/s]
磁束の波高値 [Wb]
ある時刻での回転磁界 [Wb]

$$(5.2)$$

式 (5.2) を式 (5.1) に代入し，実効値を求めると次のようになる（演習問題 1.5 参照）．

$$E_1 = \frac{2\pi}{\sqrt{2}} f \cdot N_1 \cdot \Phi_{\mathrm{m}} = 4.44 f \cdot N_1 \cdot \Phi_{\mathrm{m}}$$

磁束の波高値 [Wb]
コイルの巻数
誘導起電力の実効値 [V]

$$(5.3)$$

この式は，誘導機の誘導起電力を表す式 (4.5) とまったく同一である．

誘導機では，三相交流電流により回転磁界を作ったが，ここでは，回転子の磁極を回転させて回転磁界を作っている．いずれも巻線に誘導される起電力は同一の式で表

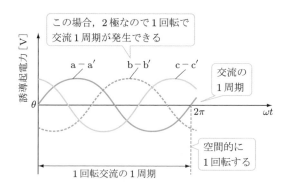

図 5.2　三相巻線に生じる誘導起電力

される.

同期機では，ここで示した回転子をその役割から界磁とよぶ．界磁は必要な磁界を作るという機能をもつ．また，固定子巻線をその役割から電機子とよぶ．電機子は電気エネルギーと機械エネルギーのエネルギー変換の機能をもつ．図 5.1 のような構成を回転界磁型とよぶ．なお，回転電機子型の同期機も存在する.

5.1.3 同期速度

同期発電機で所定の周波数の電力を発電するためには，周波数に対応した速度で回転させる必要がある．これを同期速度とよぶ．図 5.1 は，2 極の回転子と巻線を示しており，1 秒間に 1 回転すると 1 Hz の誘導起電力を発生する.

同期速度 N_0 は誘導機で示した式 (4.3) と同一で，次のように表す.

$$N_0 = \frac{120f}{P} \quad [\text{min}^{-1}]$$

$$\underset{\text{周波数 [Hz]}}{\overset{}{}}$$

$$\underset{\text{極数}}{\overset{}{}}$$

$$\underset{\text{同期速度 [min}^{-1}]}{\overset{}{}}$$

（5.4）

同期発電機は，出力する周波数を一定にするために回転速度を常に一定に保つようにしなくてはならない.

▶ POINT

同期速度は，極数と周波数で求まる.

5.2   同期発電機の理論

5.2.1 等価回路とフェーザ図

同期発電機の 1 相分の等価回路を図 5.3 に示す．無負荷誘導起電力 E_0 は，発電機が無負荷，つまり，電機子電流がゼロのときの発電機の端子電圧である．回路のインピーダンスを同期インピーダンス Z_s として表す．同期インピーダンスは同期リアクタンス x_s，電機子巻線の抵抗 r からなる．なお，ここでは界磁は一定と仮定して回路から省略している．この回路の関係式は次のようになる.

$$\dot{V} = \dot{E}_0 - \dot{I} \cdot \dot{Z}_s$$

電機子電流 [A]

同期インピーダンス [Ω]

無負荷誘導起電力 [V]

端子電圧 [V]

（5.5）

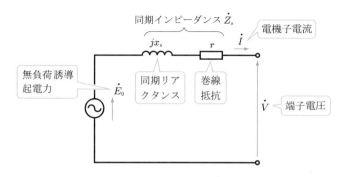

図 5.3　同期発電機の等価回路（1 相分）

この式は交流量を表しているので，それぞれの関係を描くのにはフェーザ図[*1]で表すとわかりやすい．電流 $\dot{I}$ を基準としてフェーザ図を書くと図 5.4 のようになる．ここで端子電圧 $\dot{V}$ と電流 $\dot{I}$ の角度 θ は互いの位相角を表し，力率角とよぶ．無負荷誘導起電力 $\dot{E}_0$ と端子電圧 $\dot{V}$ の位相角 δ を内部相差角とよぶ．内部相差角 δ は同期機の性能に大きく関係する重要な量である．

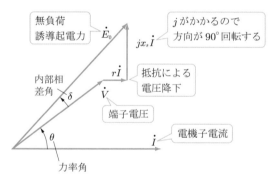

図 5.4　同期発電機のフェーザ図

5.2.2　電機子反作用

　同期機は，誘導起電力により発生する回転磁界（電機子磁束）と回転子の磁極（界磁磁束）が同期して回転している．つまり，電機子と界磁は相対的には動いていない．しかし，互いに位相関係がある．

　界磁と電機子の位相により磁束分布が変化する．図 5.5(a) は同期機の模式図である．界磁は棒状の永久磁石と考える．電機子による磁束を 1 組の巻線として表す．ただし，

---

*1　章末のコラム参照（p.110）．

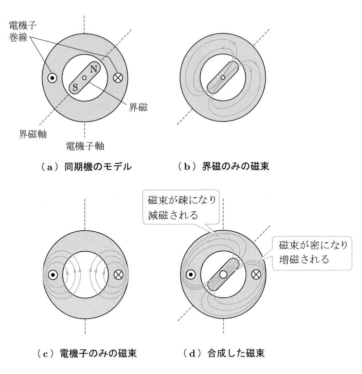

（a）同期機のモデル　　　　（b）界磁のみの磁束

（c）電機子のみの磁束　　　（d）合成した磁束

図 5.5　電機子反作用

電機子と界磁の磁束軸は一致していない．図 (b) は界磁の磁束だけを示したものである．磁束は回転子に対して対称に分布している．N 極から出た磁束がエアギャップを通り，電機子鉄心を周回して S 極にもどる．図 (c) は界磁がない（磁石は比透磁率がほぼ 1 なので，着磁していなければ磁気的には空気と同じと考えることができる）としたときの電機子電流による磁束である．左右の巻線による磁束が対称的に分布している．ところが，この二つの磁束が同時に存在すると図 (d) のような磁束分布になる．

　この様子をエアギャップに沿って切り開いて直線状に展開すると図 5.6 のようになる．電機子磁束は界磁磁束より位相が遅れている．力率 ＝ 1 の場合，位相差は（$\pi/2$ ＋内部相差角 δ）である．このとき，合成磁束は位置によって電機子の磁束を増加または減少させている．これを増磁作用または減磁作用という．このように，電機子と界磁の位相により界磁磁束が増減することを電機子反作用とよんでいる．電機子電流による界磁への反作用と考えているのである．

　電機子反作用により界磁磁束が見かけ上変化してしまう．磁束が変化するので誘導起電力も変化する．そこで，電機子反作用による磁束の増減をリアクタンスとして表

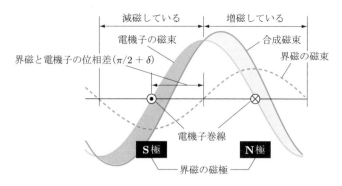

図 5.6　ギャップの合成磁束（力率 = 1 の場合）

す．同期リアクタンス x_s は，電機子反作用リアクタンス x_a と漏れリアクタンス x_l の和で表される．

$$x_s = x_a + x_l$$

漏れリアクタンス [Ω]
電機子反作用リアクタンス [Ω]
同期リアクタンス [Ω]

(5.6)

　漏れリアクタンスとは，図 5.7 に示すような有効磁束とならない漏れ磁束を表している．図 5.7 は，固定子巻線に電流を流したときのスロット周囲の磁束の様子を描いたものである．大半の磁束は，エアギャップを介して回転子に到達する．これが有効磁束である．しかし，一部の磁束はエアギャップやスロット内部で短絡してしまう．このような磁束を漏れ磁束という．漏れといっても外部に漏れているわけではなく，鎖

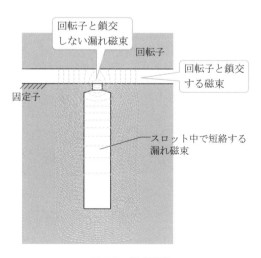

図 5.7　漏れ磁束

交しない磁束である．漏れ磁束による有効磁束の減少分をリアクタンスで表している
のである．

電機子反作用リアクタンスと漏れリアクタンスを用いた等価回路を図 5.8 に示す．

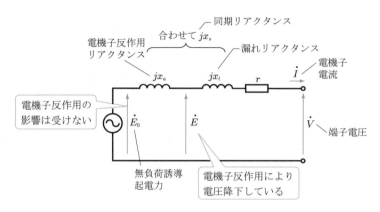

図 5.8　電機子反作用リアクタンスを用いた等価回路

5.2.3　同期発電機の性能指標

同期発電機の等価回路（5.2.1 項で示した）は，無負荷誘導起電力 E_0 と同期インピー
ダンス Z_s により表される．ところが，この二つの等価回路定数は界磁電流や電機子
反作用により変化してしまう．そのため，同期発電機の性能を表すには，等価回路を
用いず，界磁電流の変化に対応して性能を表す指標を用いる．

(1) 無負荷誘導起電力

無負荷誘導起電力を求めるために次のような測定を行う．電機子巻線の端子を開放
した状態で，発電機を定格回転数（同期速度）で運転する．このとき，界磁電流 I_f を
ゼロから増加させたときの界磁電流 I_f と端子電圧 V の関係を測定する．これを図 5.9
に無負荷飽和曲線として示す．界磁電流が小さいときには界磁電流と端子電圧は比例
するが，界磁電流の増加にともなって端子電圧 V は飽和を示す．

無負荷誘導起電力は界磁電流により変化し，飽和する．無負荷誘導起電力 E_0 を一つ
の値で論じることはできない．この特性曲線から，ある界磁電流に対する無負荷誘導起
電力を求めることができる．Y結線とすると，1相分の無負荷誘導起電力は $E_0 = V/\sqrt{3}$
である．ここで，無負荷飽和曲線上で誘導起電力が定格電圧 V_N になる界磁電流を I_{f_1}
とする．

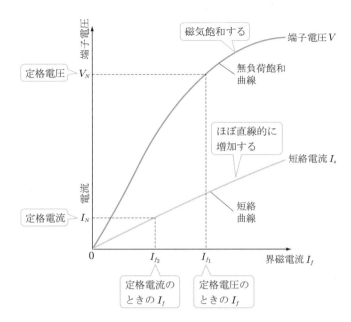

図 5.9 同期発電機の特性曲線

(2) 短絡曲線と短絡比

次に，電機子巻線の端子を短絡して同様な測定を行う．各相の端子を短絡（三相短絡）した状態で，発電機を定格回転数（同期速度）で運転する．このとき，界磁電流 I_f をゼロから増加させたときの界磁電流 I_f と電機子を流れる短絡電流 I_s の関係を測定する．これを図 5.9 に短絡曲線として示す．界磁電流の増加に従ってほぼ直線的に I_s は増加する．ここで，短絡曲線上で短絡電流が定格電流 I_N となる界磁電流を I_{f_2} とする．

このとき，無負荷飽和曲線から求めた I_{f_1} と短絡曲線から求めた I_{f_2} の比を短絡比 K_s とよぶ．

$$K_s = \frac{I_{f_1}}{I_{f_2}}$$

無負荷試験で定格電圧になる界磁電流 [A]

短絡試験で定格電流になる界磁電流 [A]

短絡比

(5.7)

短絡比は短絡電流と定格電流の比を表しており，同期発電機の性能を表す重要な定数である．

(3) 単 位 法

単位法とは，基準値に対する実際の値を比率で示したものである．PU（パーユニット）値とよばれる．単位記号は PU である．

$$\text{単位法による値 [PU]} = \frac{\text{実際の値}}{\text{基準の値（定格電圧など）}} \tag{5.8}$$

たとえば，定格電圧が $100\,\text{V}$ のとき，$110\,\text{V}$ を単位法で表すと $1.1\,\text{PU}$ となる.

同期インピーダンスを単位法で表す場合，基準インピーダンス Z_N として，次のように定格電圧 V_N と定格電流 I_N の比を用いる.

$$Z_N = \frac{V_N}{I_N} \quad [\Omega] \tag{5.9}$$

（定格電圧 [V]／定格電流 [A]／基準インピーダンス [Ω]）

同期インピーダンスを単位法で表すと式 (5.10) にあるように基準インピーダンスとの比で表されることになる．単位法で表した同期インピーダンスは短絡比 K_s の逆数と等しくなる.

$$Z_s\,[\text{PU}] = \frac{Z_s}{Z_N} = \frac{1}{K_s} \tag{5.10}$$

（同期インピーダンス [Ω]／短絡比／基準インピーダンス [Ω]／同期インピーダンス [PU]）

つまり，短絡比により同期インピーダンスの大きさがわかるのである.

(4) 同期発電機の出力

同期発電機の出力を図 5.10 のフェーザ図から検討する．これは，図 5.4 において巻線抵抗を無視して，$r = 0$ とした図である．このとき，電圧方程式は

$$\dot{E}_0 = \dot{V} + jx_s\dot{I} \tag{5.11}$$

（電機子電流 [A]／同期リアクタンス [Ω]／端子電圧 [V]／無負荷誘導起電力 [V]）

である.

したがって，出力電力は発電機端子電圧を用いて次のようになる.

$$P_{\text{out}} = 3V \cdot I\cos\theta \tag{5.12}$$

（三相なので **3** 倍する／力率角／電機子電流 [A]／端子電圧 [V]／発電機端子の出力電力 [W]）

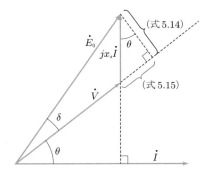

図 5.10　抵抗を無視したときの同期発電機のフェーザ図

　電機子において，外部から駆動されることにより与えられる機械エネルギーがすべて電気エネルギーに変換されたとする．このとき，発電機へ入力する動力 P_{in} は次のようになる．

$$P_{\mathrm{in}} = 3E_0 \cdot I \cos(\delta + \theta)$$

力率角
内部相差角
電機子電流 [A]
無負荷誘導起電力 [V]
発電機へ外部から入力する動力 [W]

$$\tag{5.13}$$

　次に，図 5.10 の $\dot{V}$ の先端を延長してゆき，その直線に E_0 から垂線を下ろす．すると，この垂線が $jx_s\dot{I}$ となす角は θ となる．この補助線を使って関係を求めると次の関係が得られる．

$$x_s \cdot I \cos\theta = E_0 \sin\delta \tag{5.14}$$

$$x_s \cdot I \sin\theta = E_0 \cos\delta - V \tag{5.15}$$

式 (5.14) を使って式 (5.12) を表すと次の式が得られる．

$$P_{\mathrm{out}} = 3\frac{V \cdot E_0}{x_s} \sin\delta$$

端子電圧 [V]
無負荷誘導起電力 [V]
内部相差角
同期リアクタンス [Ω]

$$\tag{5.16}$$

　この式は，発電機の出力 P_{out} は $\sin\delta$ に比例することを示している．

　これを図 5.11 に示す．$\delta = \pi/2$ のとき発電機の出力が最大である．なお，この式および図は電動機動作も示している．$\delta < 0$ のときには出力がマイナスになる．このと

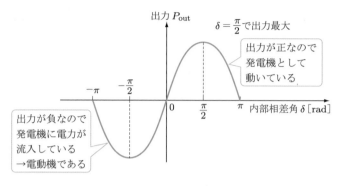

図 5.11　同期機の出力

き，電力が発電機に流入し，電気エネルギーを機械エネルギーに変換するので電動機
動作することを表している．

　さらに式 (5.16) は，発電機出力 P_{out} は式 (5.13) で示す発電機入力 P_{in} と等しいこ
とを示している．これは，機械エネルギーがすべて電気エネルギーに変換されるとい
う仮定を用いているからである．つまり，電機子の巻線抵抗 r を無視しているため，
発電機の内部で電気的な損失が発生しないことを示している．

5.2.4　突　極

　同期発電機は回転子の形状で分類され，円筒形回転子と突極形回転子に分けられる．
図 5.12(a) に示すのは突極形回転子である．回転子が円筒でなく円周の一部が突出し
ている．つまり，回転子の円周の一部のエアギャップの短い部分が磁極になっており，

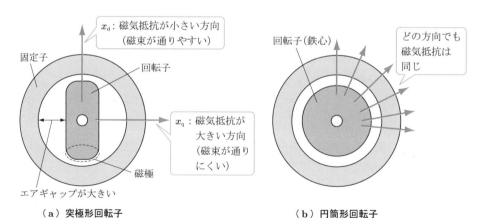

（a）突極形回転子　　　　　　　　　　　　（b）円筒形回転子

図 5.12　突極形と円筒形

磁極以外の他の部分はエアギャップが大きいので磁極にならない。このような形状を突極という。突極構造では回転子の位置により回転子と固定子の間の磁気抵抗が異なる。回転子位置により磁気抵抗が異なることを突極性があるという。

一方，図 5.12(b) で示したのは円筒形回転子である。回転子は円筒形の鉄心である。内部に巻線を巻いてあると考えよう。このような形状の回転子はその位置により N, S の磁束は変化するが，固定子との間のエアギャップは一様で磁気抵抗はどの方向でも等しい。

突極形の場合，電機子反作用リアクタンスを磁気抵抗の小さい界磁起磁力方向の x_d とそれに直交する方向の x_q の二つの成分に分けて解析する。このとき，発電機出力は次のようになる（導出は演習問題 5.5 を参照）。

$$P_\mathrm{out} = 3\frac{V \cdot E_0}{x_\mathrm{d}}\sin\delta + \overbrace{\frac{3}{2}V^2\frac{x_\mathrm{d}-x_\mathrm{q}}{x_\mathrm{d}x_\mathrm{q}}\sin 2\delta}^{\text{突極による出力}}$$

(5.17)

右辺第 1 項は同期出力とよばれる。第 2 項は突極による出力である。この出力はマクスウェル応力（1.3.4 項参照）を利用している。リラクタンス出力とよばれる。この式において

$$x_\mathrm{d} = x_\mathrm{q} = x_s$$

同期リアクタンス [Ω]
q 軸リアクタンス [Ω]
d 軸リアクタンス [Ω]

(5.18)

とすれば，式 (5.17) の第 2 項はゼロになり，式 (5.16) と同一になる。つまり，突極性のない円筒形回転子の場合の出力が式 (5.16) である。このように，円筒形機は突極機の特殊な場合として扱うこともできる。

5.3 同期発電機の運転

5.3.1 同期発電機の負荷特性

同期発電機の出力と負荷の関係について説明する。発電機の出力電圧は負荷によらず一定であることが望ましいが，実際には負荷の影響で変動してしまう。

同期発電機を定格回転数でかつ界磁電流を一定にして運転する。このとき，力率一定で負荷が変化したときの端子電圧 V と電機子電流 I の曲線を描く。これを負荷特性曲線という。

　図 5.13 では負荷力率が 1，および進みの場合，遅れの場合を示している[*1]．電流 I がゼロのときの電圧が無負荷誘導起電力に相当する．負荷力率が 1 の場合，電機子電流の増加にともない，巻線抵抗による電圧降下が増加する．遅れ力率の場合，電機子反作用が減磁作用をするので，磁束が減少し，電圧がさらに低下する．進み力率の場合，電機子反作用が増磁作用をするので負荷電流の増加とともに電圧が上昇する．これをフェーザ図で表したのが図 5.14 である．なお，この図では巻線抵抗 $r = 0$ と仮定している．フェーザは $\dot{V}$ を基準に描かれており，図 (a)，(b)，(c) とも $\dot{E}_0$ の長さは同じである．

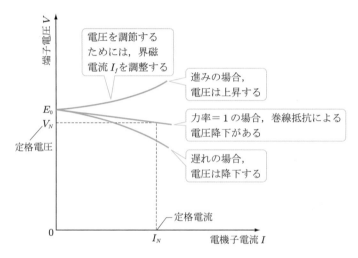

図 5.13　同期発電機の負荷特性曲線（界磁電流一定）

　フェーザ図から負荷力率が 1 の場合，次の関係が成り立つことがわかる．

$$V = \sqrt{E_0{}^2 - (x_s I)^2}$$

電機子電流 [A]
同期リアクタンス [Ω]
無負荷誘導起電力 [V]
端子電圧 [V]

(5.19)

この式は x_s が小さければ $V \simeq E_0$ となることを示している．つまり，同期インピーダンス x_s による電圧降下の影響が小さいということである．x_s が小さいということは，短絡比 K_s が大きいということである．短絡比 K_s は，このように負荷特性を表すことになる．

[*1] 電圧の位相に対し，電流の位相が進んでいるか遅れているかを示す．

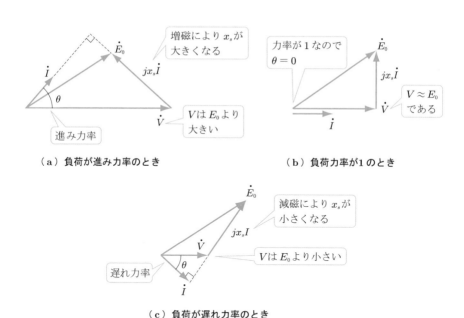

（a）負荷が進み力率のとき 　　　　（b）負荷力率が1のとき

（c）負荷が遅れ力率のとき

図 5.14 　負荷力率による同期発電機の端子電圧の変化

5.3.2 電圧変動率

前項で述べたような負荷の変化による発電機の電圧の変化は，電圧変動率により表す．電圧変動率 ε は

$$\varepsilon = \frac{\overbrace{E_0 - V_N}^{\text{無負荷誘導起電力 [V]}}}{\underbrace{V_N}_{\text{定格電圧 [V]}}} \times 100 \quad [\%] \tag{5.20}$$

で表される．

電圧変動率は定格回転数，定格出力，定格負荷力率時の電圧と無負荷時の誘導起電力の比率である．式 (3.52) で示した変圧器の電圧変動率と考え方は同じである．大型機の場合，定格出力の試験による電圧変動率の実測は難しい．そこで，電圧変動率を計算で求める．動作状態により電機子反作用が異なり，同期リアクタンスが変化してしまうので等価回路は用いない．無負荷飽和曲線から計算する方法が用いられる．

また，発電機には AVR（自動電圧調整機；Automatic Voltage Regulator）が用いられることが多い．AVR は出力電圧を監視して，電圧が一定になるように界磁電流を調整する装置である．

5.3.3　発電機の運転

　電力系統には，多数の発電機が並列に接続されている．これを並行運転という．電力系統では，発電機が 1 台で運転することはほとんど考えられない．同期発電機を電力系統に接続するときには同期投入が必要である．同期投入とは，発電機と電力系統の電圧，周波数，位相および波形をまったく等しくすることである．

　これらが同一であれば同期投入できる．もし，これらに差があれば瞬時値に差が生じ，それが過電流となり発電機や系統に流出する．

　並行運転している発電機の出力を調整するためにはガバナ（調速機）が使われる．並行運転していると界磁電流の調整は主に発電機間の無効電力のやり取りになってしまい，有効電力（出力）の調整は行えない．ガバナは発電機の回転数変化を検出し，回転数を調整する装置である．有効電力の変動は発電機の回転数の変動となる．ガバナにより回転数を保つことで駆動源（原動機）の出力調整を行うことができる．

　負荷変動や速度変動を同期発電機に対する外乱とよぶ．外乱に対して安定な運転を維持できるかを安定度で示す．系統に接続されている同期発電機の出力 P_out は式 (5.16) の端子電圧が系統電圧 V_b となるので，次のように表される．

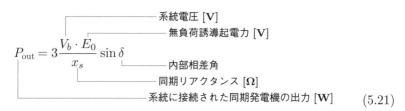

$$P_\mathrm{out} = 3\frac{V_b \cdot E_0}{x_s}\sin\delta \tag{5.21}$$

　式 (5.21) は発電機出力が $\sin\delta$（内部相差角）に比例することを表している．出力の変化を図 5.15 に示す．

　いま，発電機が出力 P_A で運転しているとする．内部相差角は δ_A であり，運転点は A 点である．このとき，発電機を駆動する入力がわずかに増加したとする．すると発電機出力は P'_A に増加し，内部相差角は δ'_A となる．一方，B 点で運転していたとすると，入力の増加により δ が増加すると出力は低下してしまう．このため入力エネルギーのほうが大きくなる．この余剰エネルギーは発電機を加速させてしまう．したがって，安定に運転できない．同期発電機は基本的には $0 < \delta < \pi/2$ で安定する．このような不安定な状況で回転数や電圧が振動してしまうことを乱調という．乱調がひどくなると同期はずれを引き起こす．安定度は系統の状況にも影響されるので，種々の要因を入れて評価される．

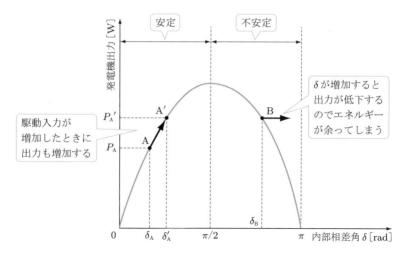

図 5.15　内部相差角と発電機出力

5.4　同期発電機はどこで使われているか

(1) 火 力 発 電

　大容量の原動機では，タービンがもっとも効率がよい．そのため，火力発電所では，同期発電機はタービンと組み合わせて使われている．図 5.16 に蒸気タービンと同期発電機を示す．水をボイラで加熱して高温高圧の蒸気を作り出す．蒸気の力でタービンを回して発電機を駆動する．原子力発電所でも蒸気タービンが使われている．

　ガスタービンは，ガスを燃焼させ，燃焼ガスそのものでタービンを回転させる．また，燃焼用の空気はあらかじめ圧縮する．そのために空気の圧縮機も一体となっている．ガスタービンの構造を図 5.17 に示す．

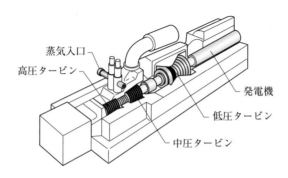

図 5.16　蒸気タービンと発電機

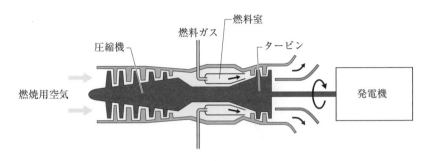

図 5.17　ガスタービンの構造

　発電所のタービン発電機は 50 Hz または 60 Hz の商用電力を発電するため 2 極では 3600 min^{-1} または 3000 min^{-1}, 4 極では 1800 min^{-1} または 1500 min^{-1} で運転している.

(2) 水力発電, 風力発電

　水力発電は, 水の落差を利用して水車を回す. 図 5.18(a) に水力発電所のしくみを示す. 貯水池の高い水面から低い場所の発電所に導水して水車を回す. 図 5.18(b) に示すように, 水車と発電機は縦軸になっている場合が多い. 回転数は落差によって異なるが 100 min^{-1} 程度の低速である.

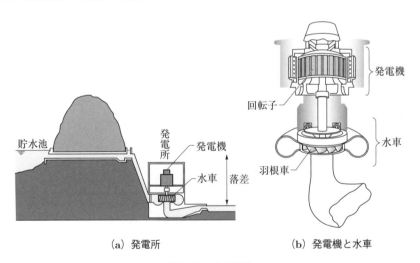

(a) 発電所　　　　　　(b) 発電機と水車

図 5.18　水力発電

　風力発電は, 大型の翼を風力で回転させる. 従来は誘導発電機が多かったが, 近年は永久磁石式同期発電機に変わりつつある. 図 5.19(a) に示すように上部に取り付けられたナセルの内部に発電機がある. ナセル内部では, 図 5.19(b) に示すように風力

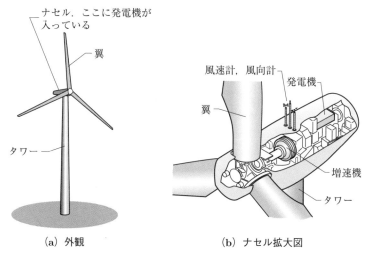

（a）外観　　　　　　　　　　（b）ナセル拡大図

図 5.19　風力発電

による回転を増速して発電機を駆動している．回転数は $30 \sim 300\,\mathrm{min}^{-1}$ である．

(3) エンジン

　エンジン発電機は，エンジンで発電機を駆動する機器の総称である．さまざまな容量のものがある．ポータブル発電機は屋外の行事でよく使われている（図 5.20）．古くは発動発電機（発発）とよばれた．ガソリンエンジンで駆動するものが多い．

　一定規模以上の建物には，停電時のために非常用発電機（図 5.21）が設置されている．病院などでも停電時の電源として常備されている．ディーゼルエンジンで駆動される．

　回転数は騒音を低くするため，一般的には $1000\,\mathrm{min}^{-1}$ 前後である．

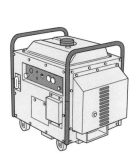

図 5.20　ポータブル発電機
　　　　（ガソリンエンジン）

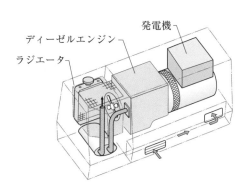

図 5.21　非常用発電機

(4) 自動車, 自転車

　自動車はエンジンで走行するが, 多くの電装品を搭載している. そのためエンジン
で発電機を駆動し, 12 V のバッテリに充電するとともに電装品へ電力を供給する. 自
動車用の同期発電機は, オルタネータとよばれる (図 5.22).

　自転車のライト用の発電機には永久磁石式の同期発電機が使われている (図 5.23).
速く走行するとライトが明るくなるのは誘導起電力が回転数, すなわち, 自転車の速
度に比例するからである.

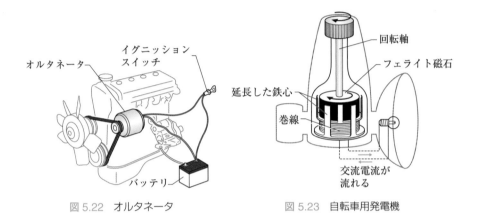

図 5.22　オルタネータ　　　　　　図 5.23　自転車用発電機

第5章の演習問題

5.1　　50 Hz を発生するための同期発電機の極数と速度の組み合わせを 6 組示せ.

5.2　　定格出力が 10000 kVA の同期発電機がある. 定格出力では電圧 6000 V, 力率 80 %,
効率 98 % であった. このときの出力電流と発電機へ入力する機械的な動力の大きさを
求めよ.

5.3　　定格電圧 6000 V, 容量 5000 kVA の三相同期発電機の試験結果が次のようであった.
無負荷試験結果：端子電圧 6000 V のとき, 界磁電流は 200 A であった.
短絡試験結果：定格電流を流すのに必要な界磁電流は 160 A であった.
　　(1) この発電機の定格電流を求めよ.
　　(2) 短絡比を求めよ.
　　(3) 同期リアクタンスを求めよ.

5.4　　同期リアクタンスが 4 Ω の三相同期発電機がある. 定格出力において誘導起電力が
210 V, 出力電流が 8 A のとき, 端子電圧を求めよ. ただし, 負荷力率は 1 とし, 巻線
抵抗は無視するものとする.

5.5　　突極形同期発電機のフェーザ図を問図 5.1 であると考える. 電機子電流 I を, 無負荷
誘導起電力と同位相の I_q と, それに直交する I_d 成分に分けて考える. なおこの図では

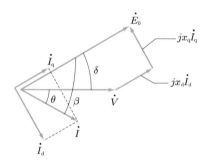

問図 5.1

巻線抵抗は無視している．このときの発電機出力が次式で表せることを示せ．

$$P_{\mathrm{out}} = 3\frac{V \cdot E_0}{x_{\mathrm{d}}} \sin \delta + \frac{3}{2} V^2 \frac{x_{\mathrm{d}} - x_{\mathrm{q}}}{x_{\mathrm{d}} x_{\mathrm{q}}} \sin 2\delta$$

5.6　　自転車のタイヤにローラーを接触させて回転する自転車用発電機のローラーの直径が 3 cm だとする．自転車が 10 km/h で走行するとき，発電機の回転数を求めよ．また，発電機が 6 極のときの発電周波数を求めよ．

5.7　　三相，60 Hz，220 V，45 kVA，6 極の同期発電機を試験したところ，問図 5.2 に示すような結果を得た．

　　無負荷飽和曲線より　　端子電圧 $V_a = 220$ V のとき，界磁電流 $I_f = 2.84$ A
　　短絡曲線より　　　　　電機子電流 $I_a = 118$ A のとき，界磁電流 $I_f = 2.20$ A

　（1）短絡比を求めよ．
　（2）同期リアクタンスを求めよ．

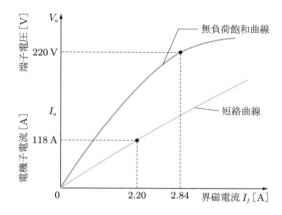

問図 5.2

📖 COLUMN

フェーザで表すと

フェーザは，交流正弦波量の関係を図示するときに使われる．周波数が同一のときに用いることができる．そのときの正弦波の振幅と位相を複素平面上のベクトルの長さと方向で表している．図 5.24 に示すように基準波形を $\dot{A}$ とすると $\dot{B}$ は位相が ϕ だけ遅れており，振幅が $1/2$ である．

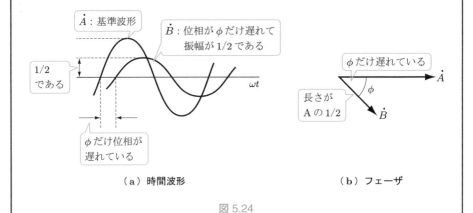

（a）時間波形　　　　　　　　　（b）フェーザ

図 5.24

正弦波は複素数表示すると回転ベクトルになる．この二つの正弦波は ωt で回転するベクトルとして表され，二つのベクトルの回転位相差は ϕ である．

$$A = a\sin\omega t \rightarrow ae^{j\omega t}$$

　　　　　　　　　　　　　　　　　　　　長さ a のベクトルが ωt で回転する

　　　　　　　　　　　　振幅 a の正弦波

$$(5.22)$$

$$B = \frac{a}{2}\sin(\omega t - \phi) \rightarrow \frac{a}{2}e^{j(\omega t - \phi)}$$

　　　　　　　　　　　　　　　　　　　　　　　位相差が ϕ

　　　　　　　　　　　　　　　　　長さ $a/2$ のベクトルが A より ϕ 遅れて ωt で回転する

　　　　　　　　　　　　振幅が $a/2$ の正弦波

$$(5.23)$$

フェーザ図は，二つの回転ベクトルを静止したものとして，二つの大きさと位相の関係を示している．したがって，二つの正弦波をフェーザ図で示すと方向が ϕ だけ異なり，長さが $1/2$ のベクトルのように示される．つまり，見た目はベクトル図とほぼ同じである．ベクトル図と同じように合成したり，分離したりできる．しかし，その意味するものは同一周波数の正弦波である．

同期電動機

同期電動機は，電流の周波数に比例する回転数で回転する．これを同期しているという．同期電動機は商用電源により一定速で運転できるので，古くから定速電動機として使われてきた．最近は，パワーエレクトロニクスの進歩により電流の周波数を自由に制御できるようになった．そのため，同期電動機は周波数を制御されることが多くなった．また，永久磁石が飛躍的に進歩したことにより永久磁石同期電動機が小型化し，用途が広がっている．本章では，まず巻線型の同期電動機について述べる．さらに，近年用途が広がった永久磁石同期電動機について述べた後，さまざまな同期電動機について述べる．

6.1　巻線型同期電動機

6.1.1　巻線型同期電動機の等価回路と出力

同期電動機の原理を図 5.1（p.90 参照）により説明する．図の固定子の電機子巻線に三相交流を流すと回転磁界が発生する．電機子の回転磁界が界磁磁極を電磁力で吸引して界磁が回転する．発電機では，回転する界磁が回転磁界を作るので，電動機はちょうど逆の関係になっている．

また，同期電動機は同期発電機の内部相差角 δ が負のときに出力 P が負になった状態とも考えることができる．発電機電力 P が負ということは，エネルギーの流れが電力を機械エネルギーに変換する方向になる．つまり，同期電動機は同期発電機と入出力の関係が反対になったものと考えることができる．そこで，図 5.3（p.93 参照）で示した発電機の等価回路における電流 I の逆方向を正として定義した電流を電動機の電流 I_M とする．これにより図 6.1(a) の等価回路が得られる．図 6.1(b) はエネルギーの流れが左から右になるように書き直したものである．同期インピーダンスは同期リアクタンス x_s，電機子の巻線抵抗 r からなる．

POINT

> 発電機と電動機は，エネルギーの流れが逆になる．

回路のインピーダンスを同期インピーダンス Z_s として表すと，この回路は次のように表すことができる．

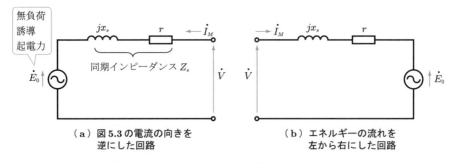

図 6.1   同期電動機の等価回路

$$\dot{V} = \dot{E}_0 + \dot{I}_M \cdot \dot{Z}_s$$

同期インピーダンス [Ω]
電機子電流 [A]
無負荷誘導電圧 [V]
端子電圧 [V]
(6.1)

この等価回路から得られるフェーザ図を図 6.2 に示す.また同期電動機の出力は,巻線抵抗を無視すれば発電機と同様に式 (6.2) のように表すことができる.この式は,抵抗による損失がないので入力は出力に等しいことを示す.

$$P_{\text{out}} = 3\frac{V \cdot E_0}{x_s} \sin\delta = P_{\text{in}}$$

内部相差角
同期リアクタンス [Ω]
(6.2)

つまり,同期電動機の出力は,図 6.3 に示すように内部相差角 δ により変化する.出力とトルクは同期角速度 ω_0 [rad/s] を用いて次のように表される.

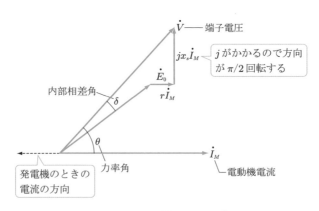

図 6.2   同期電動機のフェーザ図

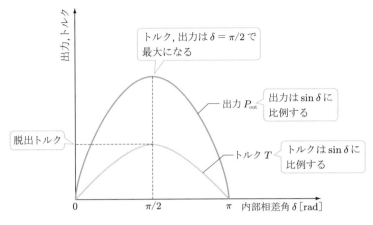

図 6.3　同期電動機の出力とトルク

$$P_{\mathrm{out}} = T \cdot \omega_0$$

同期角速度 [**rad/s**]
トルク [**N m**]
出力 [**W**]

(6.3)

> **POINT**
>
> トルクの単位が [N m]，同期角速度の単位が [rad/s] のとき，出力の単位は [W] になる．

したがって，トルクは

$$T = \frac{P_{\mathrm{out}}}{\omega_0} = 3\frac{1}{\omega_0} \cdot \frac{V \cdot E_0}{x_s}\sin\delta \tag{6.4}$$

と表され，$\sin\delta$ に比例する．$\delta = \pi/2$（90 度）のとき，トルクは最大になる．負荷トルクが電動機の発生できる最大トルク以上になると同期はずれをおこし，停止してしまう．そこで，同期状態から脱出する最大トルクのことを脱出トルクとよぶ．

　同期電動機も発電機と同様に $0 < \delta < \pi/2$ で安定運転が可能である．また負荷の急変などにより電流や位相が振動することを発電機と同様に乱調という．

　なお，以後の説明ではここで用いた電動機電流 I_M を電動機の電機子電流 I_a として説明してゆく．

6.1.2　巻線型同期電動機の V 曲線

　同期電動機を端子電圧一定で，かつ負荷一定として運転し，界磁電流 I_f を調整したときのフェーザ図を図 6.4 に示す．図 6.4(a) は，界磁電流 I_f を増やした場合である．

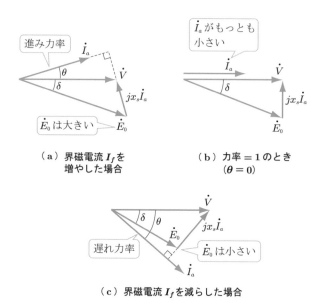

（a）界磁電流 I_f を
　　増やした場合

（b）力率＝1のとき
　　（$\theta = 0$）

（c）界磁電流 I_f を減らした場合

図 6.4　界磁電流を調整したときの同期電動機のフェーザ図

このとき，誘導起電力は力率＝1の場合より大きく，内部相差角 δ は小さくなる．電機子電流 I_a は大きくなり，進み力率になる．図 6.4(b) は，力率＝1になるような界磁電流で運転しているときのフェーザ図である．このとき，電機子電流 I_a は最小値である．図 6.4(c) は，界磁電流 I_f を減らした場合である．このとき，誘導起電力は小さくなり，内部相差角 δ は大きくなる．この場合も電機子電流 I_a は大きくなり，遅れ力率になる．

　以上のような界磁電流 I_f と電機子電流 I_a の関係を示したのが図 6.5 である．図の曲線は出力一定の条件で描いてある．この図はその形から V 曲線とよばれる．出力がゼロでも V 字形を描いている．このことは，無負荷で運転していても電機子電流が流れているということを示している．無負荷ということは有効分の電流はゼロ（巻線抵抗分のみ有効電力であり，ここでは無視している）なので，流れている電流は無効電流である．つまり，無負荷で界磁電流を調整すれば無効電流のみ流すことになり，しかも界磁電流の大きさにより，進み力率や遅れ力率を調整できることになる．同期電動機をこのような無効電流の発生に用いることができる．これを同期調相機とよぶ．同期調相機は系統の無効電力の調整に用いる．しかし最近は，パワーエレクトロニクスを使った STATCOM[*1] を使用することが増えている．

---

*1　STATic synchronous COMpensator（静止型無効電力補償装置）

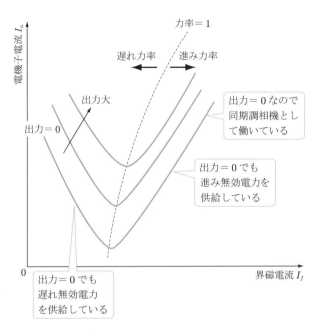

図 6.5　同期電動機の V 曲線

6.1.3　巻線型同期電動機の始動方法

　静止している同期電動機に商用電源（50 または 60 Hz）の三相交流を印加しても同期電動機は回転しない．同期電動機は，同期速度で回転しているときにのみトルクを発生する．すなわち，始動トルクはゼロである．同期電動機がトルクを発生するためには何らかの方法で始動させ，さらに同期速度付近まで加速させることが必要である．

　もっとも一般的に用いられるのが始動巻線の採用である．始動巻線とは，回転子に界磁コイルのほかに，かご形巻線を設ける方法である．始動巻線の原理を図 6.6 に示す．始動時には界磁巻線に電流を流さない．この状態で三相交流を電機子に流すと回転磁界ができ，始動巻線によりかご形の誘導電動機として加速する．同期速度近くになって界磁巻線に電流を流すと同期電動機としてのトルクが発生し，同期速度まで加速される．これを同期引き入れという．同期速度では，滑りがないので，かご形巻線には誘導起電力は発生しない．したがって，かご形巻線には電流は流れない．このような構造のものを誘導同期電動機という．誘導同期電動機のトルク特性を図 6.7 に示す．

　始動巻線は，同期速度以下になると加速トルクを発生し，同期速度以上になると制動トルクを発生する．すなわち，同期はずれを防ぐ機能もある．そのため制動巻線ともよばれ，同期発電機にも使われる．

　そのほかの同期電動機の始動方法として，インバータを用いて周波数と電圧を徐々

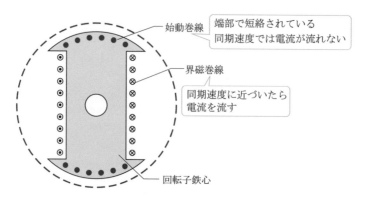

図 6.6　同期電動機の始動巻線

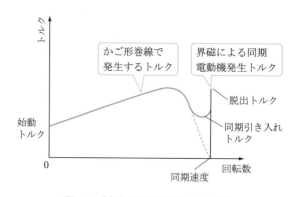

図 6.7　誘導同期電動機のトルク特性

に上げてゆく方法や，始動用の小型電動機を別に設けて，同期速度まで無負荷で加速
する方法などがある．

6.2　永久磁石同期電動機

　永久磁石同期電動機は，界磁に永久磁石を使った電動機である．永久磁石界磁が回
転する．第7章で述べるブラシレスモータも永久磁石同期電動機の一種であるが，こ
こでは，正弦波で駆動するものを永久磁石同期電動機として扱うことにする．

6.2.1　永久磁石同期電動機の原理と構造

　永久磁石同期電動機の原理を図 6.8 に示す．回転子（界磁）の永久磁石の位置に対
応して固定子（電機子）の巻線電流による回転磁界を回転させる．界磁は回転磁界と θ
の角度をなす．この θ により特性が変わるので，θ を一定あるいは望みの値に調節す

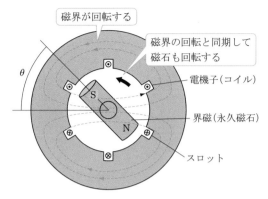

図 6.8 永久磁石同期電動機の原理

る必要がある．そのため，永久磁石同期電動機は，永久磁石（界磁）の位置により電流位相（電機子）を制御するインバータが必要である．このシステムを図 6.9 に示す．インバータは，回転子の磁極位置の信号に応じて電機子電流の位相を制御する．このように永久磁石同期電動機は，インバータを含めたシステムとして考える必要がある．

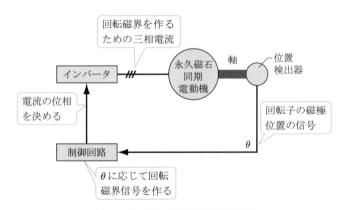

図 6.9 永久磁石同期電動機システム

永久磁石同期電動機は，回転子の永久磁石の配置と構造により SPM（表面磁石型）*1と IPM（埋め込み磁石型）*2に分類できる．図 6.10(a) に示すように，SPM は鉄心の表面に永久磁石を貼り付けている．永久磁石の透磁率は，真空の透磁率とほぼ同じなので永久磁石の部分は一様なエアギャップとみなせる．したがって，SPM は円筒形同期機として扱われる．

---

*1 SPM：Surface Permanent Magnet
*2 IPM：Interior Permanent Magnet

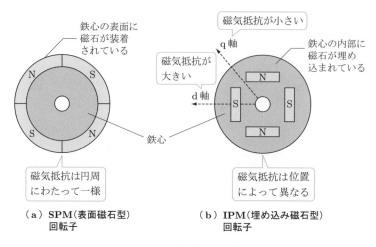

図 6.10　回転子の構造

　一方，図 6.10(b) に示す IPM は，鉄心の内部に永久磁石が埋め込まれている．永久磁石は透磁率が低いので，図 (b) で d 軸と示した方向は磁束が通りにくい．すなわち，この方向のインダクタンス L_d は小さい．q 軸と示した方向は鉄心だけなので透磁率が高く磁束が通りやすい．すなわちインダクタンス L_q は大きい．このように位置により磁気抵抗が異なる．これは突極性があることになる．IPM の永久磁石の配置はかなり自由に配置できる．図 6.11 にいくつかの例を示す．IPM は同一の永久磁石を使っても配置により突極性が変化する．

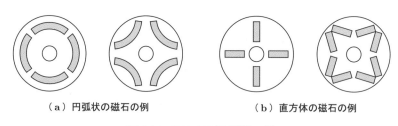

図 6.11　IPM の回転子構造の例

6.2.2　永久磁石同期電動機のトルク

　永久磁石同期電動機は IPM と SPM に大別されるが，それぞれの発生トルクが異なる．ここでは，その概要を述べる．

　SPM は，円筒形であり，インダクタンスは回転子の全周方向で一様である．そのため，発生トルクは，式 (1.3) で示した

$$F = BIl \qquad \text{(1.3) 再掲}$$

で決まるので，電機子コイルに鎖交する永久磁石の磁束数でトルクが決まる．したがって，電機子電流と界磁の位置関係により鎖交磁束が変化するのでトルクも変化してしまう．永久磁石により発生するトルクをマグネットトルクとよぶ．マグネットトルクは電機子電流と界磁がなす角 β がゼロのとき最大となる．これは電磁力（1.3.3 項参照）であり，SPM の発生トルクである．

　IPM は突極性があるので，突極のマクスウェル応力（1.3.4 項参照）により鉄心トルクが発生する．このトルクは，図 6.12 ではリラクタンストルクとして示してある[*1]．これにマグネットトルクが加わるので，IPM の発生トルクは図 6.12 で示す合成トルクとなる．

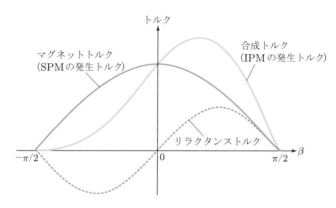

図 6.12　永久磁石同期電動機の発生トルク

　界磁と電機子電流の位相の間の角度を β としたとき，永久磁石同期電動機のトルクは次のように表される[*2]．

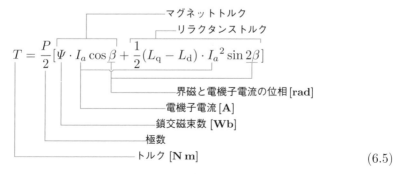

$$T = \frac{P}{2}\left[\Psi \cdot I_a \cos\beta + \frac{1}{2}(L_\mathrm{q} - L_\mathrm{d}) \cdot I_a{}^2 \sin 2\beta\right] \qquad (6.5)$$

マグネットトルク
リラクタンストルク
界磁と電機子電流の位相 [rad]
電機子電流 [A]
鎖交磁束数 [Wb]
極数
トルク [N m]

---

*1　リラクタンストルクは 6.3 節で説明する．
*2　式 (6.5) の導出は本書の範囲を超えるので行わない．

ここで，L_d は d 軸方向のインダクタンス，L_q は q 軸方向のインダクタンスである[*3]．

SPM の場合，インダクタンスが一様な円筒形なので $L_d = L_q$ である．したがって，第2項はゼロとなる．IPM の場合は，第1項と第2項のいずれのトルクも発生する．

> **◆ POINT**
>
> 永久磁石同期電動機は周波数を制御するので，リアクタンスを用いず，周波数にかかわらず一定なインダクタンスで取り扱う．

6.3　リラクタンスモータ

リラクタンスモータは界磁がなく，突極回転子のみをもつ同期電動機である．三相交流による回転磁界で駆動するシンクロナスリラクタンスモータのほかに，パワーエレクトロニクス回路と組み合わせてパルスで駆動するスイッチトリラクタンスモータがある．

6.3.1　シンクロナスリラクタンスモータ

シンクロナスリラクタンスモータの回転原理を図 6.13 に示す．回転子は突極形状の

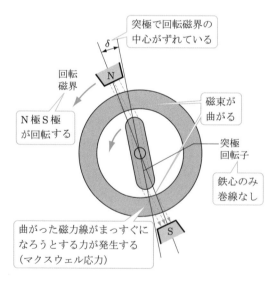

図 6.13　シンクロナスリラクタンスモータの回転原理

[*3] この場合 $L_d < L_q$ であり，正確には逆突極性である．一般的な突極同期機の場合は $L_d > L_q$ となり，異なることに注意を要する．

鉄心である．回転子に巻線はない．固定子は通常の三相巻線である．三相交流を流す
ことにより回転磁界が発生する．

　いま，図のように回転磁界の磁極中心と突極の中心が δ だけずれているとする．こ
のとき，磁束は固定子の N 極から磁気抵抗が小さいので回転子の突極に向かい，回転
子の反対側から回転磁界の S 極に向けて進む．このとき，図のように回転子突極に斜
めに侵入した磁束は回転子内では回転子の磁極方向に曲がる．回転子から回転磁界の
S 極に向けて出てゆくときにも曲がる．

　このとき，曲げられた磁力線はまっすぐに最短距離を進むような方向に鉄心に力を
発生する．そのため回転子に図のように反時計回り方向のトルクを発生し，回転する．
これが突極により発生するリラクタンストルクである．リラクタンスモータは 1.3.4
項で述べたマクスウェル応力だけで回転する．

　いま，リラクタンスモータの磁気抵抗がもっとも小さい方向，突極中心を通る軸を
d 軸，磁気抵抗のもっとも大きい方向を q 軸とする[*1]．図 6.14 に示すように，究極と
回転磁界の間の角度を δ とする．また，それぞれのリアクタンスを x_d, x_q とする．リ
ラクタンスモータの出力は，式 (5.17) で示した突極同期発電機の式

$$P_{\mathrm{out}} = 3\frac{V \cdot E_0}{x_d}\sin\delta + \frac{3}{2}V^2\frac{x_d - x_q}{x_d x_q}\sin 2\delta \qquad (5.17)\,再掲$$

の第 2 項のみを考えればよい．したがって，リラクタンスモータの出力 P_{out} は次のよ

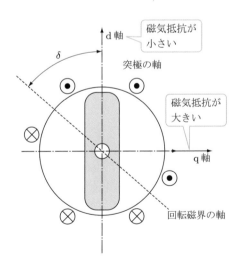

図 6.14　リラクタンスモータの動作

[*1]　リラクタンスモータの場合 $L_d > L_q$ である．

うになる.

リラクタンストルクのみ出力する

$$P_{\text{out}} = \frac{3}{2} V^2 \frac{x_{\text{d}} - x_{\text{q}}}{x_{\text{d}} x_{\text{q}}} \sin 2\delta$$

内部相差角

端子電圧 [V]

(6.6)

この式は，$\delta = 45$ 度で出力が最大であることを示している.

実際のリラクタンスモータの回転子は，エアギャップ長だけでなく磁気抵抗を大きくするために回転子内部にスリットを入れるような構造も使われる（図 6.15）.

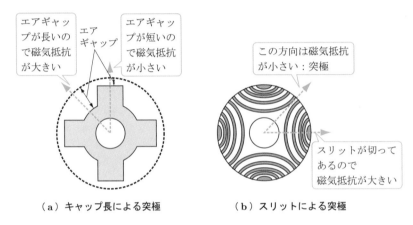

（a）キャップ長による突極　　　　（b）スリットによる突極

図 6.15　リラクタンスモータの回転子

6.3.2　スイッチトリラクタンスモータ

スイッチトリラクタンスモータ（SRM[*1]）はシンクロナスリラクタンスモータと類似の回転子をもち，突極性によりトルクを発生する. しかし，固定子も突極構造であり，しかも回転磁界を利用しない. そのかわり，パルス電流により磁界を断続させる. 図 6.16 を用いてトルク発生原理を説明する. 両突極の相対的な位置関係により，回転子磁極と固定子磁極の対向面積が異なる. 図 6.16 の d 軸位置のように磁極が対向していれば鎖交磁束数が増加し，q 軸位置のように非対向位置になると低下する. 磁極の相対的位置関係により鎖交磁束数が変化するので，蓄えられる磁気エネルギーも変化する. 磁気エネルギーが変化するのでインダクタンスが変化する. インダクタンスの変化を利用して電流を流せば，次のようなトルクが得られる.

---

*1　Switched Reluctance Motor

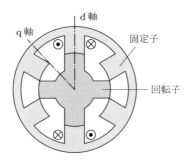

図 6.16 スイッチトリラクタンスモータの構造

$$T = \frac{1}{2}I^2\frac{dL(\theta)}{d\theta}$$

インダクタンスの角度による変化率

電流 [A]

トルク [N m] (6.7)

インダクタンスとトルク発生の関係を図 6.17 に示す．インダクタンスが増加する位置で電流を流せば，正方向のトルクが発生する．インダクタンスが減少する位置で電流

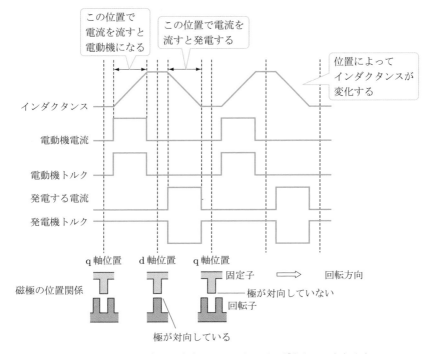

図 6.17 スイッチトリラクタンスモータのインダクタンスとトルク

を流せば，負方向のトルクが発生するので発電機作用をする．電流の 2 乗でトルクが決まるので固定子コイルに流す電流は一方向でもかまわない．スイッチトリラクタンスモータは電源のオンオフが必要であり，パワーエレクトロニクスと組み合わせて初めて回転が可能になる電動機である．

6.4　ステッピングモータ

　ステッピングモータは，パルス電流により一定角度だけ回転する電動機である．図 6.18 に示すように，駆動回路にパルスを入力するごとに 1 ステップずつ回転する．回転角度は入力するパルス数で決まり，回転の速さ（回転数）はパルスの周波数に比例する．パルスで動作するためディジタル制御しやすい．しかもパルスが入力しない間はその位置を保持できる．ステッピングモータは，トルク発生原理からは同期機の一種と考えられる．

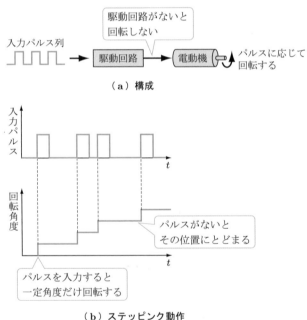

（a）構成

（b）ステッピンク動作

図 6.18　ステッピングモータの概要

　ステッピングモータの原理を図 6.19 を用いて説明する．図に示したステッピングモータの回転子は円筒形の永久磁石と考える．固定子には 4 個のコイルがある．それぞれのコイルはスイッチに接続されている．いま，S_1 をオンするとコイル 1 に電流が

流れ，コイル1の磁極がN極になる方向に電流が流れる．すると回転子のS極が吸引されN極，S極が対向する①の位置で安定する．次に，S_1をオフしてS_2をオンする．コイル2に電流が流れ，コイル2の磁極がN極になる．するとコイル1の磁極直下にあった回転子のS極が吸引され，②の位置のコイル2の磁極の直下まで回転する．S_3，S_4と順次オンしてゆくと回転子が③の位置，④の位置と90度ずつ回転してゆく．このように電流を流すごとに1ステップずつ回転するのが，ステッピングモータの原理である．ここで示したように，スイッチをオンするごとにステップ動作するので，電流のパルスで1ステップ回転する．したがって，パルスモータともよばれる．

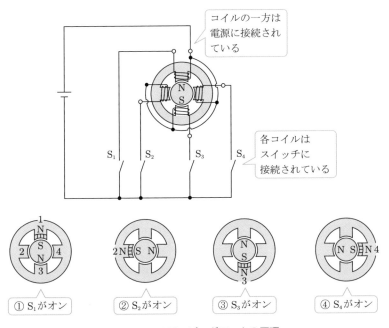

図 6.19　ステッピングモータの原理

　ステッピングモータのもう一つの大きな特徴は，それぞれの磁極の位置に保持できることである．これは停止中にも直流電流を流し続ければ，その位置を保持するような力を発生することである．このトルクをホールディングトルクという．

　このようなステッピングモータをPM[*1]型ステッピングモータとよぶ．PM型は，回転子が永久磁石だけで構成されているものと永久磁石に加えて鉄心に歯車状の磁極のあるものがある（これをHB型とよぶ場合がある）．図6.20にPM型およびHB[*2]型

---

*1　Permanent Magnet
*2　HyBrid

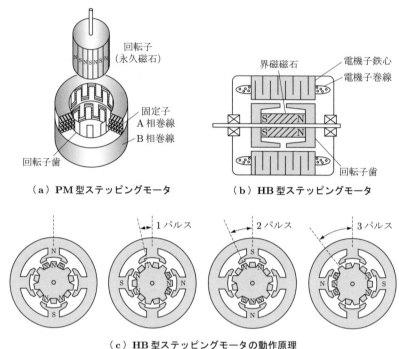

（a）PM 型ステッピングモータ　　　（b）HB 型ステッピングモータ

（c）HB 型ステッピングモータの動作原理

図 6.20　各種のステッピングモータ

ステッピングモータの構造の例を示す．

　このほか VR 型とよばれるステッピングモータがある．VR[*1]型ステッピングモータは，前節で述べたスイッチトリラクタンスモータを小さくしたものと考えてよい．VR 型ステッピングモータは，あまり使われていない．

　パルス電流により回転する最小角度をステップ角とよぶ．制御精度を上げるためにはステップ角を小さくする必要がある．そのため，固定子の構造はそのままで回転子の永久磁石の極数を多くしたり，固定子のティース（歯）を増やしたりしている．

　ステッピングモータの特徴は，運転特性をパルス周波数で表すことである．回転数とパルス周波数には次のような関係がある．

$$N = \frac{60f}{360/\theta_s} = \frac{1}{6}f \cdot \theta_s$$

　　　　ステップ角 [°]
　　　パルス周波数 [Hz]
　回転数 [min^{-1}]

(6.8)

---

*1 Variable Reluctance

　図 6.21 にステッピングモータのトルク速度特性を示す．通常の電動機の回転数に相当するのがパルス周波数（単位は pps: pulse per second）である．始動トルクは周波数の上昇とともに低下し，ゼロになる周波数を最大自起動周波数とよぶ．脱出トルクは同期機の最大トルクに相当する．脱出トルクも周波数の上昇とともに低下し，ゼロになる周波数を最大応答周波数とよぶ．周波数ゼロのトルクはその位置を保持するホールディングトルクを示している．

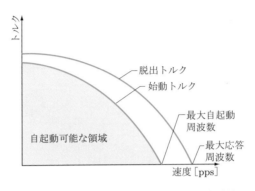

図 6.21　ステッピングモータのトルク速度特性

6.5　同期電動機はどこで使われているか

（1）大規模プラント

　数 1000 kW 以上の大容量では，誘導電動機より同期電動機の効率が高い．そのため同期電動機が多く使われている．天然ガスや石油などの長距離のパイプラインの圧送や，大規模プラントなどの圧縮機，ブロワーの駆動源として使われている．表 6.1 には石油化学プラントで電動機がどのような用途で使用されているかを示す．容量が小さい場合は誘導電動機が使われる．このようなプラントの内部でガスや液体の輸送に多くの電動機が使われている．

表 6.1　石油化学プラントでの用途

種　類	プラントの例	用　途
ポンプ	化学，石油精製，石油化学，原子力	プロセス流体移送，製品払出
圧縮機	化学，石油精製，石油化学	プロセスガス圧縮，原料ガスや製品ガスの送出
ブロワー	化学，石油精製，石油化学	ボイラー・加熱炉燃焼ガスの排出，燃焼空気の供給
ファン	化学，石油精製，石油化学，原子力	ボイラー・加熱炉燃焼ガスの排出，燃焼空気の供給，空調

(2) 船　舶

　船舶では電気推進船が増加している．電気推進船は船内に発電機をもち，その電力で電動機を駆動する．このうち，ポッド推進とよばれる方式は船底にポッドとよばれるプロペラを回転させる装置を備えている（図 6.22）．ポッドの内部には電動機がある．ポッドはプロペラにより推進力を発生すると同時に方向を変えることで操舵も可能である．

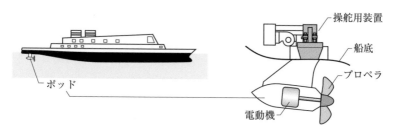

図 6.22　船舶のポッド式推進装置

(3) エレベータ

　一般のエレベータは，超高層ビルを除いて誘導電動機を用いていた．しかし近年，永久磁石同期電動機を用いることにより，電動機が小型になり減速機が不要になったので，屋上の機械室が省略できるようになった．近年は，永久磁石同期電動機を用いた機械室レスエレベータが使われている．地下鉄などで機械室を設けることが難しい場所では特にこの方式が多い（図 6.23）．

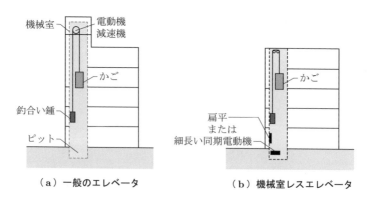

（a）一般のエレベータ　　　　（b）機械室レスエレベータ

図 6.23　エレベータへの応用

(4) 家　電

　家電の分野では，永久磁石同期電動機が多く使われている．家庭用のエアコンには，室内外のファンモータのほかに，冷媒ガスを圧縮するためのコンプレッサモータが用いられる．コンプレッサモータには，永久磁石同期電動機が使われている（図 6.24）．

　ドラム式洗濯機は海外では古くから使われていたが，わが国では住宅事情からなかなか広まらなかった．永久磁石同期電動機を採用することにより電動機が薄型になり，しかも減速機を使わずに回転数を制御できるようになったので奥行きが短くなった．そのため，近年はドラム式洗濯機が多く利用されるようになってきた（図 6.25）．

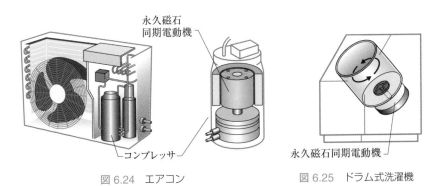

図 6.24　エアコン　　　　　　　　図 6.25　ドラム式洗濯機

(5) 自　動　車

　ハイブリッド自動車や電気自動車の駆動には同期電動機が使われる．自動車用の電動機は，小型・軽量でしかも高い効率が要求される．そのため，永久磁石同期電動機が使われている（図 6.26）．

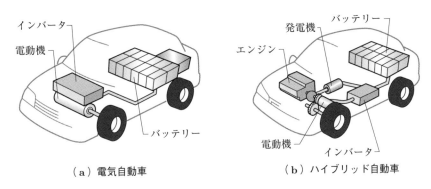

（a）電気自動車　　　　　　　　　（b）ハイブリッド自動車

図 6.26　自動車

(6) 小型精密機器

　ステッピングモータは各種の駆動機構に使われている．カメラのズームや，レンズの駆動など小型で精密な制御に使われる．身近な例として，腕時計はステッピングモータで駆動されている．時計用の電動機を図 6.27 に示す．ステッピングモータにより秒針が 1 秒に 6 度動く機構になっている．

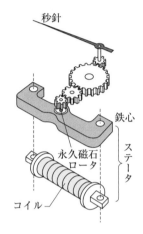

秒針
鉄心
ステータ
永久磁石
ロータ
コイル

図 6.27　時計用ステッピングモータ

🖉 第6章の演習問題

6.1　円筒形の 8 極の三相同期電動機が 50 Hz, 200 V の電源で運転しており，入力は 3821 W である．同期リアクタンスを 4.6 Ω，無負荷誘導起電力を 160 V，内部相差角を $\pi/6$ としたとき，

　　(1) 速度を求めよ．

　　(2) 電動機の出力を求めよ．

　　(3) 電動機の効率を求めよ．

6.2　定格電圧 6600 V，定格電流 100 A，6 極 50 Hz の三相同期電動機がある．その同期リアクタンスは $x_s = 1.2$ [PU] である．抵抗は無視できるとする．

　　まず，この電動機を無負荷で運転し，電機子電流がほぼゼロになるように界磁電流を調整した．次に負荷をかけたところ，ちょうど $\delta = 30°$ となった．そのときのトルクを求めよ．

6.3　定格電圧 6600 V の三相同期電動機の定格における誘導起電力が 6000 V であった．また，同期リアクタンスは 12 Ω である．内部相差角が 30 度のときの出力および電機子電流を求めよ．

6.4　定格速度 $1500\,\mathrm{min}^{-1}$，定格電圧 200 V，出力 1.5 kW，6 極の永久磁石同期電動機が

ある．この電動機の定格速度のときの無負荷誘導起電力は 100 V であった．また，この
ときの同期リアクタンスは 4.47 Ω であった．

(1) 定格速度で運転するときの電源周波数を求めよ．

(2) この電動機を 1200 min^{-1}，出力 1 kW で駆動させた．このとき端子電圧を同一
としたときの，電源の周波数，電流および内部相差角を求めよ．なお，電機子巻
線の抵抗は無視することとする．

6.5　問図 6.1 に示すステッピングモータを 240 min^{-1} で回転させるための各スイッチの
スイッチング周波数を求めよ．

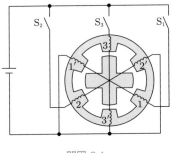

問図 6.1

直 流 機

　直流機は，もっとも古くから実用化された回転機である．直流電源を調節すれば容易に制御できる．現在でも直流のバッテリを使うような，小型家電や自動車搭載用電動機などに広く使われている．近年，パワーエレクトロニクスの進歩により交流電動機の制御が容易になり，直流機の保守性の問題から中大容量では直流機から交流機への置きかえが進んでいる．しかし，小容量の分野では，いまだに生産数量も多く，今後も広く使われるものと思われる．本章では，大容量の巻線型の直流機のほかに小容量の永久磁石を使用した直流機についても述べる．

7.1　直流機の原理と構造

　直流機の原理を，まず直流発電機で説明する．図 7.1 に直流発電機の原理を示す．図において，外側の永久磁石は静止している固定子である．内側のコイルは回転するようになっており，回転子である．固定子は磁界を与える界磁であり，回転子のコイ

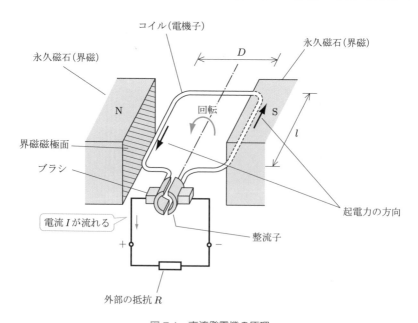

図 7.1　直流発電機の原理

ルがエネルギー変換を行う電機子である.

　回転子のコイルは整流子とよばれる電極に接続されており，ブラシを通して外部に
接続される．ブラシと整流子の関係を図 7.2 に示す．コイルに接続された整流子はブ
ラシと接触しながら回転する．ブラシは静止しており外部回路と接続されている.

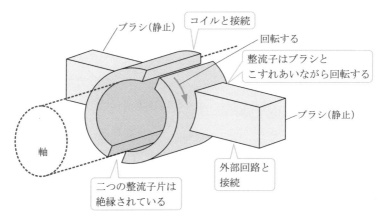

図 7.2　ブラシと整流子

　いま，コイルが図 7.1 の矢印の方向に回転したとする．このとき，速度起電力（1.3.2
項参照）が矢印の方向に生じる（フレミングの右手の法則）．コイルはブラシを通して
外部の抵抗 R に接続されているので，図 7.1 のように電流 I が流れる．コイルが回転
してゆくと，磁界に対して移動する方向が反転するので起電力も反転する．このとき
整流子はもう一方のブラシに接触する．したがって，回転してコイルの起電力の極性
が反転しても外部の抵抗 R を流れる電流の向きは同一である．コイルに流れる電流は
コイルの位置により反転するが，ブラシを通して外部に流れる電流の向きは常に同一
である．整流子はコイルの数に応じて設けられる.

　いま，図 7.1 のコイルの速度 v は

$$v = \frac{\omega D}{2}$$

コイルの角速度 [rad/s]
コイル直径 [m]
接線速度 [m/s]
(7.1)

磁束密度 B は

$$B = \frac{\psi}{S}$$

鎖交磁束数 [Wb]
界磁磁極の表面積 [m²]
磁束密度 [T]
(7.2)

と表される．このとき，誘導される起電力 E は次のように表すことができる．

$$E = vBl = \frac{D\psi l}{2S}\omega = K_E\omega$$

角速度 [rad/s]

$$(7.3)$$

ここで，

コイル直径 [m]
鎖交磁束数 [Wb]
コイルの有効長 [m]

$$K_E = \frac{D\psi l}{2S}$$

界磁磁極の表面積 [m²]

$$(7.4)$$

を起電力定数とよぶ．

　誘導起電力 E は回転数に比例し，また磁束数に比例する．このような速度起電力を利用するのが直流発電機である．

◆ POINT

直流機は，フレミングの法則（p.6，図 1.8 参照）で説明できる．

　一方，図 7.3 に示すように，直流発電機の外部回路に直流電源を接続すると直流電動機になる．このとき，コイルにはブラシを通して電流 I が外部から流れ込む．磁界

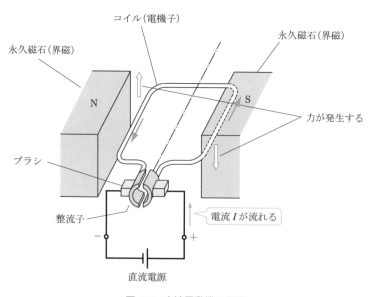

図 7.3　直流電動機の原理

中に電流が流れるので，電磁力が発生する．力の方向は，フレミングの左手の法則の
方向である．

$$f = IBl \qquad\qquad (1.3) \text{再掲}$$

トルクは，導体に働く力 f に回転子の中心から導体までの距離 $D/2$ を乗じた値な
ので，発生するトルク T は次のようになる．

$$T = f \cdot \frac{D}{2} = \frac{D\psi l}{2S} \cdot I = K_T I$$

- コイル電流 [A]
- コイル半径 [m]
- コイルに働く力 [N]

$$(7.5)$$

ここで，

$$K_T = \frac{D\psi l}{2S}$$

- コイル直径 [m]
- 鎖交磁束数 [Wb]
- コイルの有効長 [m]
- 界磁磁極の表面積 [m²]

$$(7.6)$$

をトルク定数とよぶ．

直流電動機のトルクは電流に比例する．また，磁束数に比例する．ここで，誘導起
電力を表す際の起電力定数の式 (7.4) とこの式 (7.6) は同一で，$K_T = K_E$ であるこ
とに注意してほしい．SI（国際単位系）を用いれば，二つの定数は同一数値である．

直流電動機は，式 (7.5) で表すトルクを発生する．直流電動機がトルクを発生して
いるときでも式 (7.3) の誘導起電力は発生している．このとき，誘導起電力の方向は
トルク発生のための電流の極性と反対方向となる．このため，逆起電力とよばれるこ
とがある．

以上の基本特性を用いて，直流機の電圧方程式を求めると次のようになる．

$$V = E \pm rI$$

- 誘導起電力 [V]
- 電流 [A] ┐ 電機子巻線による
- 巻線の抵抗 [Ω] ┘ 電圧降下
- 端子電圧 [V]

$$(7.7)$$

式 (7.7) で ＋ が電動機，－ が発電機を表す．式 (7.7) を用いて等価回路を書くと図 7.4
のようになる．

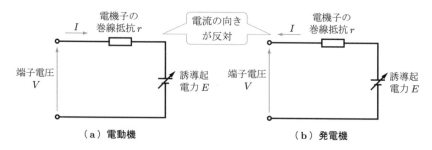

図 7.4　直流機の等価回路

いま，式 (7.7) の両辺に I をかけると次のようになる．

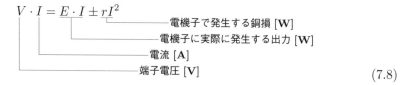

$$V \cdot I = E \cdot I \pm rI^2$$

├─ 電機子で発生する銅損 [**W**]
├─ 電機子に実際に発生する出力 [**W**]
├─ 電流 [**A**]
└─ 端子電圧 [**V**]

(7.8)

この式の左辺は，外部に得られる出力または入力を示している．また，右辺第 1 項は電機子巻線で発生する電気的または機械的出力，第 2 項は銅損である．

7.2　ブラシによる整流作用と電機子反作用

7.2.1　整流作用

　実際の直流機は，断面方向から見ると図 7.5 に示すような構造をしている．電機子の右側と左側では電流の向きが異なっている．右側の N 極下では電流は紙面方向から流れ出て，左側の S 極下では紙面方向に流れ込んでいる．このように，各巻線に流れ

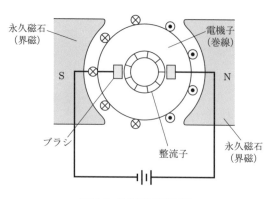

図 7.5　直流機の断面図

る電流の極性を分布させるためには，電源から供給される電流を各導体に振り分ける必要がある．電流の分布状態は，電機子が回転しても常時保たれるようにブラシと整流子の機能により電流が振り分けられている．

直流機の巻線は図 7.6 に示すように結線されている．この図では，電機子は 9 個の巻線で構成されている．各巻線は整流子片によって直列に接続されている．電流は ＋側のブラシから流入し，2 路に分かれ電機子内を流れ，－側のブラシで集電される．このように接続すれば，図のような電流の分布になり，界磁の磁極下のすべての電機子巻線の電流の向きが同一となる．したがって，各巻線から同方向のトルクが発生する．

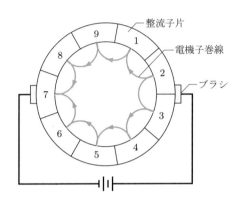

図 7.6　巻線を流れる電流

ブラシと整流子により電流の向きが反転することを転流という．しかし，慣例的に整流とよぶ場合が多い．これは電機子の回転により発生する誘導起電力は交流であるが，これを外部から見ると，ブラシと整流子によって直流に整流されているように見えるからである．

ブラシは固定子側に固定されており，静止している．一方，整流子は巻線とともに回転している．ブラシと整流子は，すり接触により電気的な結合をしている．この運動の様子を図 7.7 に示す．図 (a) では整流子 3 に電流が流入し，巻線 2 と 4 に向けてそれぞれ I が流れる．図 (b) の位置になるとブラシは整流子 2 と 3 に接触しているため，2 から 1 に向けてと 3 から 4 に向けて巻線に電流が流れる．このため，整流子 2 と 3 の間の巻線には電流は流れない．図 (c) では整流子 2 から 1，3 に向けて電流が流れる．2–3 間の巻線を考えてみると，この間，電流が $I \to 0 \to -I$ と変化する．一方，ブラシの電流は常に同じ向きで $2I$ である．巻線電流が I から $-I$ に変化するまでの時間を整流時間という（図 7.8）．整流時間中の電流は巻線のインダクタンスの影響を受けて変化する．電流変化率が大きいと電圧が高くなり，火花が出る．火花はブラシの寿命を低下させる．

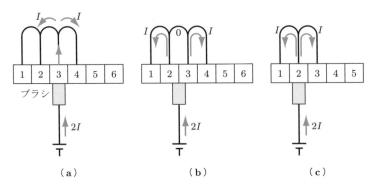

図 7.7　転　流

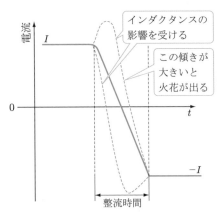

図 7.8　整流時間

> **POINT**
>
> ブラシは，巻線の電流の向きを反転させている．

7.2.2　電機子反作用

　直流機においても界磁と電機子の関係から電機子反作用が生じる（同期機の電機子反作用は 5.2 節参照）．

　図 7.9(a) は界磁磁束のみを示している．電機子電流が 0 である無負荷状態である．界磁の N 極から S 極へ一様な磁界が生じている．図 (b) は，電機子電流のみによって生じた磁界を示す．ブラシ軸の方向に一様な磁界が生じている．電機子電流が流れているときの合成磁界を図 (c) に示す．位置により増磁および減磁している．直流機でも電機子反作用は増磁作用および減磁作用をする．

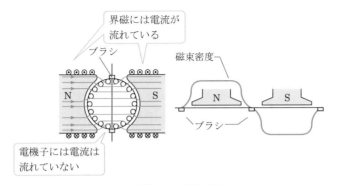

（a）界磁のみの磁束の様子

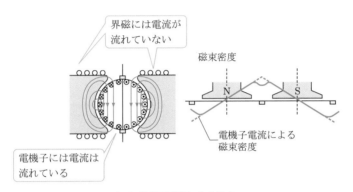

（b）電機子電流による磁束

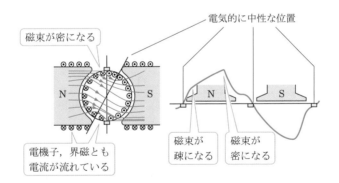

（c）電機子と界磁の合成

図 7.9 電機子反作用（電動機の場合）

　電機子反作用による影響は，磁束の減少による出力低下，電機子巻線の誘導起電力の変化による整流作用への影響などがある．

| 7.3 | 直流電動機の運転特性と励磁方式 |

　界磁に磁束を発生させることを励磁という．直流機の励磁方式を図 7.10 に示す．界磁に永久磁石を用いるのが永久磁石方式，界磁巻線を別電源で励磁するのが他励方式，電機子巻線と同一電源を用いるのが自励方式である．自励方式には結線により直巻，分巻および複巻方式がある．各方式の結線を図 7.11 に示す．

図 7.10　直流機の励磁方式

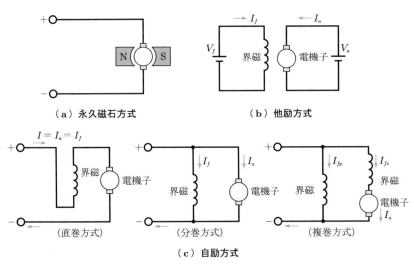

（a）永久磁石方式　　　　　　　　（b）他励方式

（直巻方式）　　　　（分巻方式）　　　　（複巻方式）

（c）自励方式

図 7.11　直流機の励磁方式の結線

7.3.1　永久磁石方式

　永久磁石方式は，界磁に永久磁石を用いているため，界磁磁束が一定である．後述する他励方式の界磁を制御しない場合とも考えることができる．

　永久磁石電動機の基本式は，式 (7.3)，(7.5)，(7.7) より次のように表される．以後は電機子の量であることを示すため，V_a，I_a，r_a を使う．

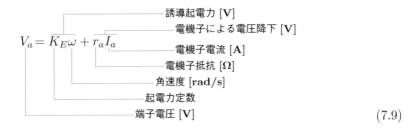

$$V_a = K_E\omega + r_aI_a$$

- 誘導起電力 [V]
- 電機子による電圧降下 [V]
- 電機子電流 [A]
- 電機子抵抗 [Ω]
- 角速度 [rad/s]
- 起電力定数
- 端子電圧 [V]

(7.9)

$$T = K_TI_a$$

- 電機子電流 [A]
- トルク定数
- トルク [N m]

(7.10)

POINT

永久磁石電動機のトルクは，電機子電流に比例する.

K_E, K_T の二つの定数は，式 (7.4), (7.6) に示すように磁束 ψ を含んでいる. 界磁が永久磁石の場合，磁束が一定なので K_E, K_T とも一定値である.

式 (7.9), (7.10) を変形すると次のような式が得られる.

$$T = \frac{K_T}{r_a}V_a - \frac{K_TK_E}{r_a}\omega \tag{7.11}$$

$$I_a = \frac{V_a - K_E\omega}{r_a} \tag{7.12}$$

式 (7.9)〜(7.12) の関係を図に示してみよう. 図 7.12(a) に示すように, 端子電圧 V_a を一定に保てばトルクと回転数の関係は直線である. さらに, 端子電圧を $V_1 \to V_2 \to V_3$ のように変化させるとトルクの直線が平行に移動する. すなわち, 端子電圧を高くすれば高速, 高トルクの運転が可能になる.

図 (b) には電機子電流と速度の関係を示す. 電機子電流の増加により r_a による電圧降下が増加して速度が低下する. 電機子電流がゼロのとき, 無負荷運転状態と考えるとする. このときの速度を無負荷速度 ω_0 とよび,

$$\omega_0 = \frac{V_a}{K_E}$$

- 端子電圧 [V]
- 起電力定数
- 無負荷角速度 [rad/s]

(7.13)

である. 無負荷速度は端子電圧に比例する.

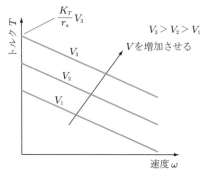

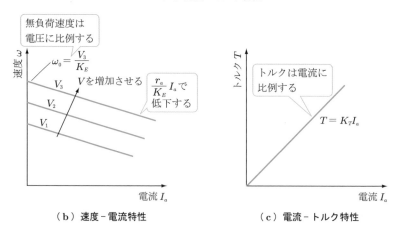

図 7.12　永久磁石励磁方式直流電動機の特性

　また，図 (c) にはトルクと電流の関係を示す．トルクは電流に比例している．このように，永久磁石直流電動機は無負荷速度が電圧に比例し，トルクが電流に比例するという性質をもっている．このため制御が容易で，制御用電動機として広く使われている．

7.3.2　他励方式と分巻方式

　他励方式では励磁回路に別電源を用いるので，界磁磁束が調節可能である．界磁電流 I_f と界磁磁束が比例すると考える．すると誘導起電力は

$$E = K_1 I_f \omega$$

　角速度 [rad/s]
　界磁電流 [A]
　比例係数

(7.14)

と表すことができる．このときトルクは

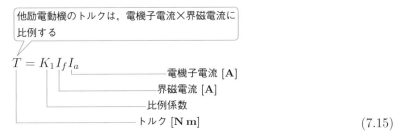

$$T = K_1 I_f I_a$$

他励電動機のトルクは，電機子電流×界磁電流に比例する

電機子電流 [A]

界磁電流 [A]

比例係数

トルク [N m]

(7.15)

と表される．速度は式 (7.14)，(7.7) より，

$$\omega = \frac{V_a - r_a I_a}{K_1 I_f}$$

(7.16)

となる．式 (7.16) を用いて速度とトルクの関係を図示すると図 7.13(a) のようになる．また，図 (b) に示すように，電機子電流が変化しても速度の低下は巻線抵抗による電圧降下分のみである．つまり，他励電動機はほぼ定速度が得られる電動機である．また，トルクは図 (c) に示すように電機子電流に比例する．

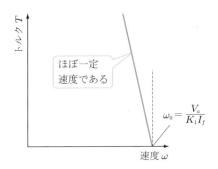

ほぼ一定速度である

$\omega_0 = \dfrac{V_a}{K_1 I_f}$

（a）速度−トルク特性

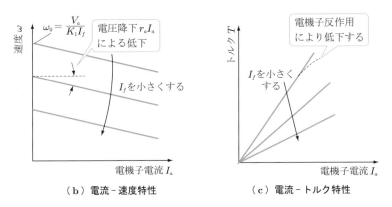

$\omega_0 = \dfrac{V_a}{K_1 I_f}$　電圧降下 $r_a I_a$ による低下

I_f を小さくする

（b）電流−速度特性

電機子反作用により低下する

I_f を小さくする

（c）電流−トルク特性

図 7.13　他励方式電動機の特性

電機子電流がゼロで，かつ，トルクがゼロのときを無負荷速度とする．無負荷速度は

$$\omega_0 = \frac{V_a}{K_1 I_f}$$

端子電圧 [V]

無負荷速度は V_a でも I_f でも調節できる

界磁電流 [A]

無負荷速度 [rad/s]

$$(7.17)$$

となる．つまり，電機子電圧 V_a を調節しても，界磁電流 I_f を調節しても速度が制御できるということになる．これを界磁制御および電機子制御という．

分巻電動機は，界磁電流が電機子電圧により変化するので

$$I_f = \frac{V_a}{r_f}$$

界磁巻線の抵抗 [Ω]

$$(7.18)$$

となる．式 (7.18) を他励電動機の式 (7.16) に代入すれば，分巻電動機の基本式が得られる．

分巻電動機の基本式

$$\omega = \frac{r_f(V_a - r_a I_a)}{K_1 V_a}$$

$$(7.19)$$

トルクは式 (7.15) で表される．

$$T = K_1 I_f I_a$$

電機子電流 [A]

界磁電流 [A]

$$(7.15)\ 再掲$$

分巻電動機は，他励電動機で界磁電圧 V_f が端子電圧 V と等しい場合と同一の特性となる．ただし，無負荷速度は

$$\omega_0 = \frac{r_f}{K_1}$$

$$(7.20)$$

となり，界磁抵抗により決まってしまう．

7.3.3　直巻方式

直巻電動機は，界磁巻線と電機子巻線が直列接続されている．したがって，

$$I_f = I_a$$

$$(7.21)$$

となる．式 (7.16) の r_a を $r_a + r_f$ として式 (7.21) を代入すると，

$$\omega = \frac{V_a - (r_a + r_f)I_a}{K_1 I_a}$$

$$(7.22)$$

トルクは，

$$T = K_1 I_a{}^2$$

電機子電流 [A]

トルク [N m]

$$(7.23)$$

となる．この特性を図示すると図 7.14 のようになる．速度–トルク特性では低速で大トルク，高速で低トルクとなる．また，トルクは電機子電流 I_a の 2 乗に比例する．負荷トルクが小さいと電流は小さいが，無負荷では回転数は無限大である．このような特性を直巻特性とよぶ．

> **POINT**
> 直巻電動機のトルクは，電機子電流の 2 乗に比例する．

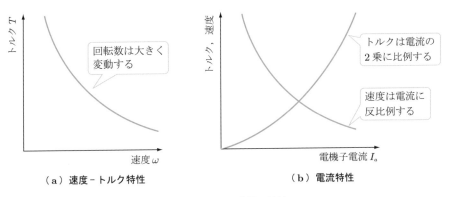

（a）速度–トルク特性　　　　（b）電流特性

図 7.14　直巻電動機の特性

なお，複巻電動機は，界磁巻線を二分して一部を分巻界磁とし，一部を直巻界磁とする．分巻界磁と直巻界磁の大小により，分巻と直巻の両者を合わせた中間の特性が得られる．

7.4　直流機の始動，制動，速度制御

7.4.1　始　動

直流機の電圧方程式は式 (7.7) に示したが，これを V_a, I_a を使って書き直すと次のようになる．

$$V_a = E + r_a I_a$$

　　　　　　　　電機子抵抗 [Ω]
　　　　　　誘導起電力 [V]
　　　端子電圧 [V]

$$\tag{7.24}$$

すなわち，運転状態では電機子電流は

$$I_a = \frac{V_a - E}{r_a} \tag{7.25}$$

となる．始動時には速度がゼロであり誘導起電力 E もゼロである．したがって，始動

時の電流 I_s は

$$I_s = \frac{V_a}{r_a}$$

端子電圧 [V]

電機子抵抗 [Ω]

(7.26)

となる．数 100 W 以下の小型電動機では，r_a はそれほど小さくないので直接始動できる．しかし，大型の電動機では r_a が小さな値であるため，始動時に非常に大きな電流が流れてしまう．そこで，始動用抵抗器を電機子回路に直列に接続し，抵抗値を調節して加速させることが行われる．これを始動器という．

7.4.2　制　動

運転中の電動機は，電源を切り離せばやがて停止する．しかし，回転中の電動機および負荷には運動エネルギーが蓄積している．この運動エネルギーを何らかの形で消費しないとシステムは停止しない[*1]．急激に停止したい場合，制動を行う必要がある．制動には，以下に述べる三つの方法がある．

(1) 電 気 制 動

制動時に電動機を発電機として運転する．これを一般に電気制動という．発電により回転運動のエネルギーが電気エネルギーに変換されて電流として流れる．発電した電力を電源にもどして，他の用途で電力を利用する方法は回生制動とよばれる．また，発電した電力を抵抗によりジュール熱として消費する場合，発電制動という．

(2) 逆 相 制 動

この方法は，運転中に電機子回路の正負を逆に接続し，逆方向のトルクを発生させるものである．急激に制動できるが，制動のために大電流が流れる．運動エネルギーは熱となる．

(3) 機 械 制 動

摩擦ブレーキなどにより機械的に回転数を低下させる．運動エネルギーはブレーキから発生する熱に変換される．

7.4.3　速 度 制 御

直流機の速度を，他励電動機の式 (7.16) を用いて次のように表す．

$$\omega = \frac{V_a - r_a I_a}{K_1 I_f}$$

(7.16) 再掲

速度を制御するためには次の三つが考えられる．

[*1]　エネルギー保存の法則

(1) V_a を制御する方法：電圧制御法

(2) I_f を制御する方法：界磁制御法

(3) I_a を制御する方法：電機子制御法

永久磁石電動機は界磁磁束が一定なので，端子電圧 V_a を制御する方法が用いられる．他励電動機でも同様に界磁を一定にして端子電圧制御が行われる．

界磁電流 I_f を調整すれば界磁磁束 ψ が制御できる．分巻電動機では界磁電流を制御する方法も可能である．電流制御をチョッパ[*1]で行うので，界磁チョッパ制御とよばれている．また，分巻電動機ではチョッパにより電機子電流も調節可能である．電機子回路にチョッパを入れた電機子チョッパ制御も用いられる．

直巻電動機は，端子電圧 V を制御することにより界磁電流 I_f も制御することになり，この方法で速度制御される．複数台の直巻電動機の制御には，電動機を直並列に接続変更する方法による電圧制御法が用いられる．これを図 7.15 に示す．

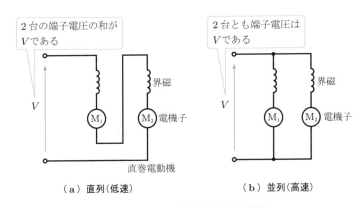

図 7.15　複数の直巻電動機の電圧制御

永久磁石方式の直流電動機では，式 (7.5) に示したように，トルクは電機子電流に比例する．したがって，電機子電流のみ制御すれば，トルク制御が可能である．トルク制御には，永久磁石方式および分巻方式がよく使われる．もちろん，そのほかの方式の電動機でも界磁電流とあわせて制御すれば，トルク制御が可能である．

7.5　ブラシレスモータ

ブラシレスモータとは，直流電動機の整流子とブラシの機械的な接触をなくし，電子的にブラシと整流子の作用をさせる電動機である．

ブラシレスモータの原理を図 7.16 に示す．回転子が永久磁石であり，界磁となって

[*1] 直流電力の電圧，電流を変換するパワーエレクトロニクス機器．DC–DC コンバータともよばれる．

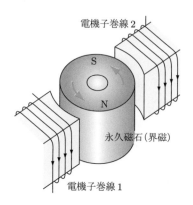

電機子巻線 2

S

N

永久磁石（界磁）

電機子巻線 1

図 7.16　ブラシレスモータの原理

回転する．電機子巻線 1, 2 に流れる電流を図のような向きに流す．フレミングの左手の法則で回転子の永久磁石に矢印の方向の力が発生するので，回転子は反時計方向に回転する．

　ただし，磁石が回転するので，電機子と相対する磁極の N, S の極性が回転により変化してしまう．回転子の磁極の極性に対応するように電流の向きを変更しないと回転が継続しない．このため磁極の N, S の位置を検出して，回転子の磁極の極性に応じて電流の方向を切り換えて回転を継続する．このような電子的な切り換え装置を含めたものをブラシレスモータとよぶ．

　電流の切り換えの様子を直流電動機と対応させて図 7.17 に示す．上段は図 7.6（p.137参照）に示したように，ブラシと整流子により電流の方向が切り換わることを示している．下段は同じことをスイッチの切り換えで行えることを示している．図のように，スイッチ S_1, S_2 を結線して交互にオンオフする．図 (a) は，巻線が電源の ＋ に接続されるため，巻線に向けて電流が流れる．図 (b) は，－ に接続されるため，巻線から電流が流出する．このような操作を回転子の永久磁石の極性に応じて行えば，ブラシと整流子の作用をスイッチで行うことができる．

◆ POINT

ブラシレスモータは，ブラシと整流子の作用をスイッチで行う．

　磁極の検出は，磁束密度を検出できるホール素子，磁気飽和素子などの磁気センサや光を位置により遮断して検出する光学的方法が使われる．ブラシレスモータは，図 7.18に示すように，電動機本体に位置検出装置を内蔵している．

　ブラシレスモータは，電流切り換えのためのパワーエレクトロニクスを使った装置

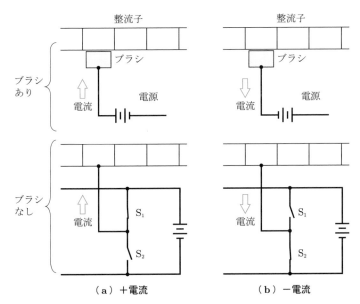

図 7.17 ブラシの転流作用のスイッチへの置き換え

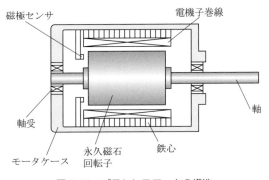

図 7.18 ブラシレスモータの構造

を含めた一つのシステムとして考えるべきである。システムとして考えると，システムの特性はブラシ付きの永久磁石直流電動機と同等と考えることができる。図 7.19 のようなブラシレスモータシステムは，外部から見ると永久磁石方式の直流電動機と同じものと考えることができる。したがって，特性も式 (7.9)〜(7.12) に示した永久磁石直流電動機の式がそのまま使える。

　実際のブラシレスモータの発生するトルクを図 7.20 に示す。ここでは，電機子は三相巻線としている。スイッチの切り換えにより電源の ＋ または － に接続する。スイッチを正負に切り換えても巻線にインダクタンスがあるので，その過渡現象により，

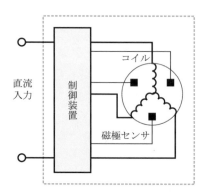

図7.19　ブラシレスモータシステム

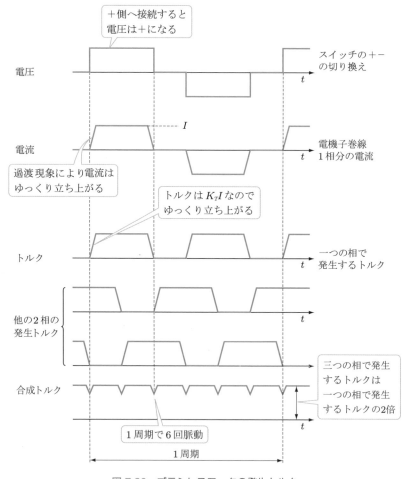

図7.20　ブラシレスモータの発生トルク

電流の立ち上がりが遅れる．発生トルクは $T = K_T I$ となり，電流に比例するのでトルクの立ち上がりも遅れる．軸で発生するトルクは，三つの相の発生トルクの合計である．発生トルクは，一つの相で発生するトルクの 2 倍の大きさである．ただし，電流の立ち上がりの遅れにより 1 周期で 6 回トルクのくぼみができる．回転周波数の 6 倍の周波数でトルクが脈動する．

　ブラシレスモータとは，矩形波で電流の極性を切り換える電動機である．ブラシレスモータの回転子の磁束密度分布を正弦波状にし，さらに電流が正弦波になるように制御すると，6.2 節で述べた永久磁石同期電動機（SPM）と考えることができる．ブラシレスモータと同期電動機は類似点が多い．

7.6　交流整流子電動機

　交流整流子電動機は直巻直流電動機の構造で，しかも交流電流で駆動できる電動機である．交流整流子電動機は，界磁と電機子が直列に接続された直巻電動機と同一の基本構造である．交流でも直流でも使用できるので，ユニバーサルモータともよばれる．交流整流子電動機の駆動原理を図 7.21 で説明する．

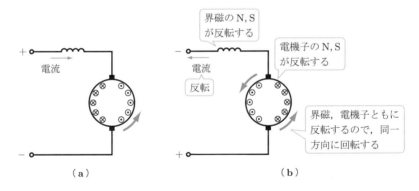

図 7.21　交流整流子電動機の原理

　図 (a) では，上の端子がプラスであり電流は矢印の方向に向かって流れる．一方，図 (b) では，交流電源の極性が反転するので電流の向きが反転している．つまり，界磁の磁束は電流が反転するので N，S が反転する．また，電機子電流もブラシと整流子の作用により反転する．つまり，磁界と電流がともに反転するので発生トルクの方向は同一である．したがって，同一方向に回転することになり，交流電源でも直流電動機として動作するのである．

　交流整流子電動機のトルクについて考える．電機子電流 I_a は交流電流なので

$$I_a = I_\mathrm{m} \sin \omega t \tag{7.27}$$

と表すことができる. また, 界磁磁束 ϕ は交流電流が流れて生じるので,

$$\phi = \Phi_\mathrm{m} \sin \omega t \tag{7.28}$$

のように時間的に変化する.

いま, トルクを次のように表す.

$$T = K_2 \phi I_a \tag{7.29}$$

- 電機子の交流電流 [A]
- 界磁磁束 [Wb]
- トルク [N m]

このとき,

$$
\begin{aligned}
T &= K_2 \Phi_\mathrm{m} \sin \omega t I_\mathrm{m} \sin \omega t \\
&= K_2 \Phi_\mathrm{m} I_\mathrm{m} \sin^2 \omega t \\
&= \frac{1}{2} K_2 \Phi_\mathrm{m} I_\mathrm{m} (1 - \cos 2\omega t)
\end{aligned}
\tag{7.30}
$$

- 0〜1 の間で変動する
- 電機子電流の波高値 [A]
- 界磁磁束の波高値 [Wb]

となる. この式は発生するトルクは一定でなく, 電源周波数の 2 倍の周期で脈動していることを表している.

交流整流子電動機のトルク速度特性を図 7.22 に示す. トルク特性は低速で高トルク, 高速で低トルクの直巻特性である. 誘導機, 同期機などの交流電動機は同期速度が上限となり, 商用電源（50 Hz または 60 Hz）では 3000 min^{-1} または 3600 min^{-1} 以

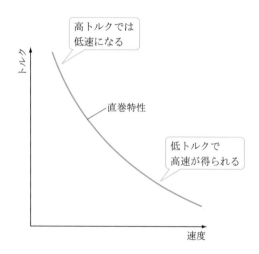

図 7.22　交流整流子電動機の速度トルク特性

上の回転数は得られない．一方，交流整流子電動機は，商用電源で容易に数万 min^{-1} の高速回転が得られるという特徴をもっている．

(1) 自動車用各種電動機

　直流機は，バッテリに接続するだけで回転し，さらに，直流電圧を調節すれば速度制御できる．そのため，広い範囲で使われている．

　乗用車は 12 V のバッテリを搭載しており，12 V の直流で用いる各種の直流電動機を搭載している．乗用車 1 台には 50〜200 台の電動機が搭載されている（p.4. 図 1.5 参照）．図 7.23 はワイパーを駆動するワイパーモータを示す．電動機が回転運動するとクランク機構で往復運動に変換してワイパーを動かしている．

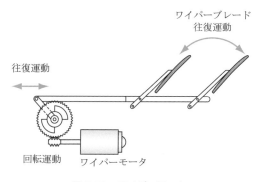

図 7.23　ワイパーモータ

(2) ケーブルカー，ロープウェイなどの駆動

　ケーブルカー（図 7.24），ロープウェイ（図 7.25）はケーブルに取り付けられ，ケーブルを牽引することにより移動する．このような乗り物を索道とよぶ．一般的には山頂側に直流電動機を設置し，ロープを周回させる．

(3) 携帯電話のバイブレーション

　携帯電話のバイブレーションは電動機で分銅を回転させ，その分銅の重心がアンバランスなため，その回転で本体を振動させている．携帯電話のバッテリ電圧（約 3 V）で回転する，直径 2〜3 mm の非常に小さな直流電動機である（図 7.26）．

(4) 模型の電動機

　ラジコンなどの模型の動力用には，永久磁石界磁の直流電動機が使われている．乾電池で駆動するので 1.5 V，3 V などの低い電圧で運転する（図 7.27）．

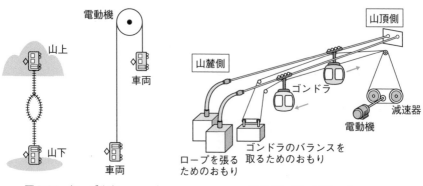

図 7.24　ケーブルカー　　　　　　　　　図 7.25　ロープウェイ

図 7.26　バイブレーションモータ　　　　図 7.27　模型用直流電動機

(5) シェーバー，電動歯ブラシ

　充電式シェーバーには，永久磁石直流電動機が使われている（図 7.28）．また，電動歯ブラシも内部に永久磁石直流電動機がありブラシを回転させる（図 7.29）．それぞれホルダーが充電装置になっており，使用していないときに本体内部のバッテリに充電する．

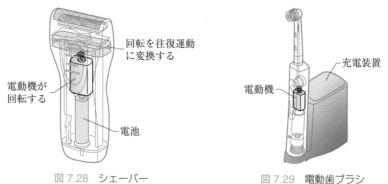

図 7.28　シェーバー　　　　　　　　図 7.29　電動歯ブラシ

(6) CD，DVD のトレーなどの駆動

　CD，DVD などの機器では，ディスクの回転のための電動機以外にトレーの出し入れ，ヘッドの移動など3〜4台の電動機が使われている．トレーの出し入れには永久磁石直流電動機が使われる（図 7.30）．

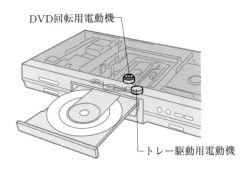

図 7.30　DVD デッキに使われる直流電動機

(7) ブラシレスモータ

　ブラシレスモータは直流電動機と同じように使うことができ，しかもブラシによる火花の発生やブラシの摩耗がない．そのため，家電をはじめとする小型機器ではブラシレスモータに置き換わってきている．また，高速回転が必要なドローン（図 7.31）やハードディスク（図 7.32）の駆動に使われている．

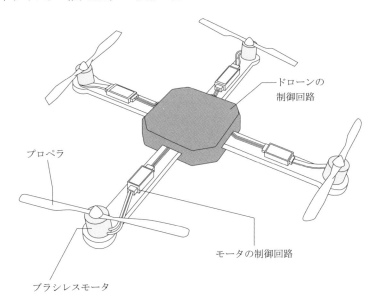

図 7.31　ドローン

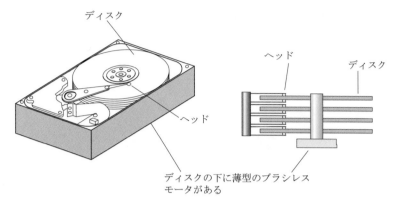

図 7.32　ハードディスク

　最近では誘導電動機の置き換えとしての使用も増加している．家庭用の扇風機で DC 型などとよばれているものはブラシレスモータを使用しており，超低速運転や，風量の微調整が行える．

(8) ヘアドライヤー，掃除機

　ヘアドライヤーは，空気を加熱するためのヒーターと空気を吹き出すためのファンで構成されている．ヘアドライヤーは交流電源で用いられるため，ファンの駆動には交流整流子電動機が用いられている（図 7.33）．

　また，掃除機はターボファンを高速で回転させ空気を吸い上げ，その手前のフィルタでごみを捕集して紙パックに溜める．ファンの回転のために高速回転が可能な交流整流子電動機が使われる．家庭用の掃除機でも $10000\,\mathrm{min}^{-1}$ 以上のものもある（図 7.34）．

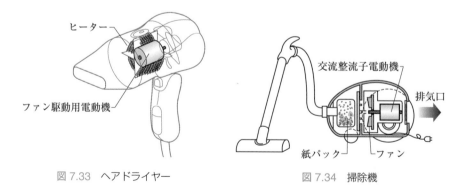

図 7.33　ヘアドライヤー　　　　　　　　　図 7.34　掃除機

第 7 章の演習問題

7.1　問図 7.1 に示すような 1 回巻きのコイルがある．その寸法は軸方向長 15 cm，直径 10 cm で磁束密度は 0.1 T である．20 A の直流電流 I が図に示した方向にコイルを流れているとき，次の問いに答えよ．

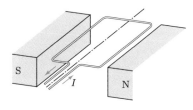

問図 7.1

(1) コイルに働く力は何 N か．

(2) その力の方向を答えよ．

(3) コイルの導体に働くトルクは何 N m か．

(4) 磁界とコイル面が 60 度の角をなすとき，コイルに働く力とトルクの方向を図に書いて示せ．

(5) このとき，トルクはいくらか．

7.2　100 V の直流電動機がある負荷で回転している．このとき電機子電流は 20 A，角速度は 15.8 rad/s，電機子抵抗は 0.2 Ω である．次の問いに答えよ．

(1) 誘導起電力はいくらか．起電力定数は何 V s/rad か．

(2) 発生トルクは何 N m か．

(3) 負荷トルクが 2 倍になると，電流はいくらになるか．そのとき，回転数はいくらか．

7.3　200 V，50 kW の他励直流電動機があり，その電機子抵抗は 0.03 Ω である．この電動機の負荷は回転速度の 2 乗に比例するトルクを必要とし，200 V で運転したときは電機子電流 280 A，回転速度 800 min^{-1} であった．回転速度を 400 min^{-1} にするためには電機子供給電圧を何 V に下げればよいか．ただし，ブラシの電圧降下は 2 V とし，電機子反作用の影響は無視できるものとする．

7.4　トルク定数と起電力定数が SI 単位において等しいことを直流電動機の電圧方程式を用いて説明せよ．（ヒント：エネルギーの収支を用いる．）

7.5　永久磁石直流電動機に対して次のような試験を行った．
回転子を拘束して端子電圧 17 V を印加したところ，5 A の電流が流れた．電源を供給せずに外部から別の電動機によって 2000 min^{-1} で回転させたところ，端子電圧が 97 V であった．

(1) この電動機のトルク定数を求めよ．

(2) この電動機が 4 N m の負荷を駆動しているとき，800 min^{-1} で回転するための端子電圧を求めよ．

さらに勉強する人のために

『現代電気機器理論』（電気学会大学講座）金東海，電気学会 (2010)

『基礎電気機器学』（電気学会大学講座）難波江章/他，電気学会 (1984)

『よくわかるパワーエレクトロニクス』森本雅之，森北出版 (2016)

『入門 モーター工学』森本雅之，森北出版 (2013)

『入門 モータ制御』森本雅之，森北出版 (2019)

演習問題の解答

1.1 導体の移動による起電力を求めるので式 (1.2) を用いる．フレミングの右手の法則はすべて直交している場合を示しているので，運動の方向が磁界と直角でないとき，磁界と直交する速度成分のみ起電力を発生する．直交する磁界成分は $B\sin\theta$ となる．したがって，速度起電力は次のようになる．

$$e = Blv\sin\theta = 0.6 \times 0.5 \times 5 \times \frac{\sqrt{3}}{2} = 1.3 \quad [\text{V}]$$

答　1.3 V

1.2 磁界中の電流に働く電磁力（フレミングの左手の法則）を表す式 (1.3) を用いる．前問と同様に電流の方向が磁界と直交していないので，磁界と直交する電流成分は $I\sin\theta$ となる．したがって，電磁力は次のようになる．

$$F = BIl\sin\theta = 0.8 \times 10 \times 5 \times 10^{-2} \times \frac{\sqrt{2}}{2} = 0.28284 \to 0.283 \quad [\text{N}]$$

答　0.283 N

1.3 自己インダクタンスによる誘導起電力を表す式 (1.8) を用いる．

$$e = -L\frac{di}{dt} \text{ より } L = e\frac{\Delta t}{\Delta_i} = 20 \times \frac{0.01}{2} = 0.1 \quad [\text{H}]$$

答　0.1 H

なお，起電力の符号は起電力の向きを表しているので，起電力の大きさを考える場合には符号は特に考えなくてよい．

1.4 相互インダクタンスにより誘導される起電力を表す式 (1.10) を用いる．

$$e_{\text{B}} = -M\frac{dI_{\text{A}}}{dt} \text{ より } M = e\frac{\Delta t}{\Delta I} = 23 \times \frac{0.01}{5} = 46 \times 10^{-3} \quad [\text{H}] \to 46 \quad [\text{mH}]$$

答　46 mH

1.5 誘導起電力 e は式 (1.5) を用いて，

$$e = -N\frac{d\phi}{dt}$$

と表される．この式に与えられた ϕ を代入し，計算すると，

$$e = N \cdot \omega \cdot \Phi_{\text{m}}\sin\omega t = 2\pi f \cdot N \cdot \Phi_{\text{m}}\sin\omega t$$

となる．これは正弦波状に時間的に変化する誘導起電力の瞬時値を表している．波高値 $E_{\text{m}} = 2\pi f \cdot N \cdot \Phi_{\text{m}}$ とおくと，実効値 E は波高値 E_{m} の $1/\sqrt{2}$ であるから，

$$E = \frac{E_{\text{m}}}{\sqrt{2}} = \sqrt{2} \cdot \pi \cdot f \cdot N \cdot \Phi_{\text{m}} = 4.4429 f \cdot N \cdot \Phi_{\text{m}} \to 4.44 f \cdot N \cdot \Phi_{\text{m}} \quad [\text{V}]$$

となる．

答　$E = 4.44 f \cdot N \cdot \Phi_{\text{m}}$ [V]

2.1 加速度を表す式 (2.1) を用いて次のように求める．質量 $m = 7\,\text{kg}$ の物体を $F = 3\,\text{N}$ の力で加速するので

$$\alpha = \frac{F}{m} = \frac{3}{7} = 0.42857 \rightarrow 0.429 \quad [\text{m/s}^2]$$

なお，力の SI 単位 [N] は SI 組立単位とよばれ，SI 基本単位で表すと $[\text{kg}\,\text{m/s}^2]$ となることに注意を要する．

答 $0.429\,\text{m/s}^2$

2.2 回転数が毎分回転数 (min^{-1}) で示されているので，毎秒の角速度 $\omega\,[\text{rad/s}]$ に換算して式 (2.4) により求める．

$$\omega = N \cdot \frac{2\pi}{60} = 1710 \times \frac{2\pi}{60} \quad [\text{rad/s}]$$

トルクは，式 (2.4) を用いて次のように求める．

$$T = \frac{P}{\omega} = \frac{3.7 \times 10^3}{2\pi \times 1710/60} = 20.663 \rightarrow 20.7 \quad [\text{N m}]$$

答 $20.7\,\text{N m}$

2.3 三角関数の和と差の公式を使用して式を整理する．

$$\sin(\alpha \pm \beta) = \sin\alpha\cos\beta \pm \cos\alpha\sin\beta$$
$$\cos(\alpha \pm \beta) = \cos\alpha\cos\beta \mp \sin\alpha\sin\beta$$

$$B = B_\text{a} + B_\text{b} + B_\text{c}$$
$$= B_\text{m}\left\{\cos\omega t\sin\theta + \cos\left(\omega t - \frac{2}{3}\pi\right)\sin\left(\theta - \frac{2}{3}\pi\right) + \cos\left(\omega t - \frac{4}{3}\pi\right)\sin\left(\theta - \frac{4}{3}\pi\right)\right\}$$
$$= B_\text{m}\Bigg[\cos\omega t\sin\theta$$
$$+ \left\{\cos\omega t\cos\left(\frac{2}{3}\pi\right) + \sin\omega t\sin\left(\frac{2}{3}\pi\right)\right\} \cdot \left\{\sin\theta\cos\left(\frac{2}{3}\pi\right) - \cos\theta\sin\left(\frac{2}{3}\pi\right)\right\}$$
$$+ \left\{\cos\omega t\cos\left(\frac{4}{3}\pi\right) + \sin\omega t\sin\left(\frac{4}{3}\pi\right)\right\} \cdot \left\{\sin\theta\cos\left(\frac{4}{3}\pi\right) - \cos\theta\sin\left(\frac{4}{3}\pi\right)\right\}\Bigg]$$
$$= B_\text{m}\left\{\cos\omega t\sin\theta + \left(-\frac{1}{2}\cos\omega t + \frac{\sqrt{3}}{2}\sin\omega t\right) \cdot \left(-\frac{1}{2}\sin\theta - \frac{\sqrt{3}}{2}\cos\theta\right)\right.$$
$$\left. + \left(-\frac{1}{2}\cos\omega t - \frac{\sqrt{3}}{2}\sin\omega t\right) \cdot \left(-\frac{1}{2}\sin\theta + \frac{\sqrt{3}}{2}\cos\theta\right)\right\}$$
$$= B_\text{m}\left\{\cos\omega t\sin\theta + \left(\frac{1}{4}\sin\theta\cos\omega t + \frac{\sqrt{3}}{4}\cos\theta\cos\omega t - \frac{\sqrt{3}}{4}\sin\theta\sin\omega t - \frac{3}{4}\cos\theta\sin\omega t\right)\right.$$
$$\left. + \left(\frac{1}{4}\sin\theta\cos\omega t - \frac{\sqrt{3}}{4}\cos\theta\cos\omega t + \frac{\sqrt{3}}{4}\sin\theta\sin\omega t - \frac{3}{4}\cos\theta\sin\omega t\right)\right\}$$
$$= B_\text{m}\left(\frac{3}{2}\sin\theta\cos\omega t - \frac{3}{2}\cos\theta\sin\omega t\right)$$
$$= \frac{3}{2}B_\text{m}(\sin\theta\cos\omega t - \cos\theta\sin\omega t)$$
$$= \frac{3}{2}B_\text{m}\sin(\theta - \omega t)$$

2.4 巻線抵抗と巻線温度の関係を示す式 (2.16) を用いて計算する.

$$r_T = r_t \cdot \frac{234.5 + T}{234.5 + t}$$

この式より次のように求める.

$$t = \frac{r_t}{r_T}(234.5 + T) - 234.5 = \frac{1.437}{1.114}(234.5 + 20) - 234.5 = 93.791 \rightarrow 93.8 \quad [\text{℃}]$$

答 93.8 ℃

2.5 効率を示す式 (2.18) を用いる.

$$\eta = \frac{P_{\text{out}}}{P_{\text{in}}} \times 100 \quad \text{より} \quad \eta = \frac{5000}{5234} \times 100 = 95.529 \rightarrow 95.5 \quad [\%]$$

答 95.5 %

第 3 章

3.1 (1) 巻数比 a は無負荷時の端子電圧の比と考えてよいので, 式 (3.7) を用いる.

$$a = \frac{V_1}{V_{20}} = \frac{1}{5} = 0.2$$

答 0.2

(2) 電圧変動率は, 式 (3.52) を用いて求めることができる.

$$\varepsilon = \frac{V_{20} - V_{2N}}{V_{2N}} \times 100$$

ところが, この問題では電圧の値が与えられていない. 電圧は V_1 を 1 としたときの比率で与えられている. したがって, 電圧がわからなくとも比率をそのまま用いて計算できる.

$$\varepsilon = \frac{V_{20} - V_{2N}}{V_{2N}} \times 100 = \frac{5 - 4.8}{4.8} \times 100 = 4.1667 \rightarrow 4.17 \quad [\%]$$

答 4.17 %

(3) 定格負荷時には電圧比が 1 : 4.8 なので, 2 次電圧は 1 次電圧の 4.8 倍となる.

$$V_2 = 4.8 \times 100 = 480 \quad [\text{V}]$$

答 480 V

(4) 2 次側に接続された負荷抵抗 $R_L = 5\,\Omega$ に流れる電流は,

$$I_{2N} = \frac{V_{2N}}{R_L} = \frac{480}{5} = 96 \quad [\text{A}]$$

である. 励磁電流が無視できるものとすると, 1 次側に流れる電流は巻数比により求めることができる.

$$\frac{I_{1N}}{I_{2N}} = \frac{1}{a}, \quad I_{1N} = \frac{I_{2N}}{a} = 5 \times 96 = 480 \quad [\text{A}]$$

答 480 A

(5) 解図 3.1 参照.

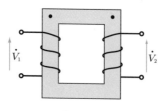

解図 3.1

3.2　自己インダクタンスは，式 (3.16) に示すように，主インダクタンスと漏れインダクタンスの和である．

$$L_1 = L_{01} + l_1, \quad L_2 = L_{02} + l_2$$

まず，主インダクタンスを求める．主インダクタンスと相互インダクタンスには，式 (3.29) に示した次のような関係がある．

$$L_{01} = aM, \quad L_{02} = \frac{M}{a}$$

巻数比 a は

$$a = \frac{N_1}{N_2} = \frac{400}{40} = 10$$

なので，これより

$$L_{01} = aM = 10 \times 0.1 = 1 \quad [\text{H}], \quad L_{02} = \frac{M}{a} = \frac{0.1}{10} = 0.01 \quad [\text{H}]$$

と求めることができる．これより漏れインダクタンスは

$$l_1 = L_1 - L_{01} = 1.07 - 1 = 0.07 \quad [\text{H}]$$

$$l_2 = L_2 - L_{02} = 0.012 - 0.01 = 0.002 \quad [\text{H}]$$

となる．ここまで求めたインダクタンスにより等価回路定数を求める．インダクタンスをリアクタンスに換算するため $2\pi f$ をかける．

$$x_1 = 2\pi f l_1 = 2\pi \times 50 \times 0.07 = 21.991 \rightarrow 22.0 \quad [\Omega]$$

$$a^2 x_2 = 10^2 \times 2\pi f l_2 = 100 \times 2\pi \times 50 \times 0.002 = 62.832 \rightarrow 62.8 \quad [\Omega]$$

$$a x_M = 10 \times 2\pi f M = 10 \times 2\pi \times 50 \times 0.1 = 314.16 \rightarrow 314 \quad [\Omega]$$

$$a^2 r_2 = 10^2 \times r_2 = 100 \times 0.03 = 3 \quad [\Omega]$$

以上の結果を回路図上に示すと解図 3.2 になる．

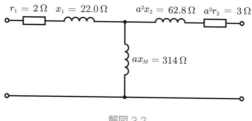

解図 3.2

3.3 式 (3.40)～(3.49) を用いる.

$$g_0 = \frac{P_0}{V_0{}^2} = \frac{20}{200^2} = 0.5 \times 10^{-3} \quad [\text{S}]$$

$$b_0 = \sqrt{\left(\frac{I_0}{V_0}\right)^2 - g_0{}^2} = \sqrt{\left(\frac{0.5}{200}\right)^2 - (0.5 \times 10^{-3})^2}$$

$$= 2.4495 \times 10^{-3} \to 2.45 \times 10^{-3} \quad [\text{S}]$$

$$r_s = \frac{P_s}{I_s{}^2} = \frac{60}{10^2} = 0.6 \quad [\Omega]$$

$$x_s = \sqrt{\left(\frac{V_s}{I_s}\right)^2 - r_s{}^2} = \sqrt{\left(\frac{7}{10}\right)^2 - 0.6^2} = 0.36056 \to 0.36 \quad [\Omega]$$

以上の結果を回路図上に示すと解図 3.3 になる.

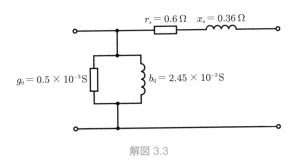

解図 3.3

3.4 電圧変動率 ε は, 式 (3.53) で求めることができる.

$$\varepsilon = q_r \cos\theta + q_x \sin\theta$$

問題より $q_r = 2\,[\%]$, $q_x = 3\,[\%]$, $\cos\theta = 0.8$ が与えられている.

$\sin\theta$ は, $\sin\theta = \sqrt{1 - \cos^2\theta} = \sqrt{1 - 0.64} = 0.6$ と求めることができるので, これらの諸量を代入すると $\varepsilon = 2 \times 0.8 + 3 \times 0.6 = 3.4\,[\%]$ となる.

答 3.4 %

3.5 (1) 変圧器の効率は式 (2.18) を用いて求める.

$$\eta = \frac{出力}{入力} \times 100 = \frac{出力}{出力 + 損失} \times 100 = \frac{出力}{出力 + 銅損 + 鉄損} \times 100$$

$$= \frac{2000}{2000 + 70 + 60} \times 100 = 93.897 \to 93.9 \quad [\%]$$

答 93.9 %

(2) 定格出力の 1/2 で使用したので, このときの出力は 1000 VA である.

鉄損は式 (2.17) に示すように周波数と磁束密度により変化する.

$$W_{\text{i}} = W_{\text{h}} + W_{\text{e}} = K_{\text{h}} f B_{\text{m}}{}^{1.6} + K_{\text{e}} f^2 B_{\text{m}}{}^2$$

この問題では周波数は同一である. また, 磁束密度は印加電圧により決まるので出力が変わっても磁束密度は変わらないと考えられる. したがって, 鉄損は同一と考えてよい.

$$P_{\mathrm{IRON}\frac{1}{2}} = P_{\mathrm{IRON}} = 60 \quad [\mathrm{W}]$$

変圧器の出力が 1/2 というのは，出力電圧が同一で出力電流が 1/2 になった状態を指している．銅損は
ジュール熱なので式 (2.15) に示すように，電流の 2 乗に比例する．したがって，銅損は $(1/2)^2 = 1/4$
となる．

$$P_{\mathrm{COPPER}\frac{1}{2}} = P_{\mathrm{COPPER}} \cdot \left(\frac{1}{2}\right)^2 = 70 \times \frac{1}{4} = 17.5 \quad [\mathrm{W}]$$

したがって，出力 1/2 のときの効率は次のようになる．

$$\eta = \frac{P_0}{P_0 + P_{\mathrm{COPPER}\frac{1}{2}} + P_{\mathrm{IRON}\frac{1}{2}}} \times 100 = \frac{1000}{1000 + 17.5 + 60} \times 100 = 92.807 \to 92.8 \quad [\%]$$

答　92.8 %

3.6　この問題は，巻数比の与え方が問題 3.1 と逆になっていることに注意する．

巻数比 a は無負荷時の端子電圧の比と考えてよいので，次式となる．

$$a = \frac{V_1}{V_{20}} = \frac{14.5}{1} = 14.5$$

電圧変動率は次のように求める．

$$\varepsilon = \frac{V_{20} - V_{2N}}{V_{2N}} \times 100$$

ところが，この問題では電圧の値が与えられていない．そこで，二つの電圧比を V_1 が同一になるよ
うに変形する．V_1 を同一にしたときの V_{20} と V_{2N} の比率が求められる．

$$V_1 : V_{20} = 14.5 : 1 = 1 : \frac{1}{14.5}, \quad V_1 : V_{2N} = 15 : 1 = 1 : \frac{1}{15}$$

したがって，次のようになる．

$$\varepsilon = \frac{V_{20} - V_{2N}}{V_{2N}} \times 100 = \frac{\dfrac{1}{14.5} - \dfrac{1}{15}}{\dfrac{1}{15}} \times 100 = 3.4483 \to 3.4 \quad [\%]$$

答　巻数比は 14.5，電圧変動率は 3.4 %

3.7　単巻変圧器の 2 次電圧は，分路巻数に対応する．したがって，

$$V_2 = 70 \quad [\mathrm{V}]$$

となる．2 次回路を流れる電流は電圧と負荷抵抗から

$$I_2 = \frac{70}{8} = 8.75 \quad [\mathrm{A}]$$

となる．いま，理想変圧器としているので電圧と電流には次の関係がある．

$$V_1 I_1 = V_2 I_2$$

これより

$$I_1 = \frac{V_2 I_2}{V_1} = \frac{70 \times 8.75}{100} = 6.125 \to 6.13 \quad [\mathrm{A}]$$

となる．したがって，

$$I_1 = I_2 + I_3$$

より，次のようになる．

$$I_3 = I_1 - I_2 = 6.125 - 8.75 = -2.625 \to -2.63 \quad [\mathrm{A}]$$

答　$V_2 = 70\,\mathrm{V}, \quad I_1 = 6.13\,\mathrm{A}, \quad I_2 = 8.75\,\mathrm{A}, \quad I_3 = -2.63\,\mathrm{A}$

4.1 誘導電動機の毎分回転数は，式 (4.38) で与えられる．

$$N = \frac{120f}{P}(1-s) \quad [\text{min}^{-1}]$$

この式に与えられた数値を代入する．

$$N = \frac{120f}{P}(1-s) = \frac{120 \times 60}{8}(1-0.03) = 873 \quad [\text{min}^{-1}]$$

答　$873\,\text{min}^{-1}$

4.2 電動機の出力，トルク，毎分回転数の関係は式 (2.3) に示すように

$$P = \frac{2\pi}{60}T \cdot N = 0.1047T \cdot N$$

である．したがって，次のようになる．

$$P = \frac{2\pi}{60} \times 11 \times 1720 = 1981.3 \quad [\text{W}] \to 1.98 \quad [\text{kW}]$$

答　$1.98\,\text{kW}$

4.3 効率と入力，出力の関係は式 (2.18) で表される．

$$\eta = \frac{P_{\text{out}}}{P_{\text{in}}} \times 100 \quad [\%]$$

したがって，入力は次のようになる．

$$P_{\text{in}} = \frac{P_{\text{out}}}{\eta/100} = \frac{200\,\text{kW}}{0.9} = 222.22 \to 222 \quad [\text{kW}]$$

答　$222\,\text{kW}$

　なお，設問に力率の数値を示してあるが，これは解答には不要である．ひっかけである．

4.4 出力と 2 次銅損の関係は式 (4.31) より，次のように表される．

$$P_{\text{o}} = (1-s)P_2 = P_2 - sP_2$$

このうち 2 次銅損は sP_2 であり，2 次入力から 2 次銅損を差し引いたものが出力である．定格出力は 3 kW なので，

$$P_2 = P_{\text{o}} + sP_2 = 3000 + 150 = 3150 \quad [\text{W}]$$

$$s = \frac{P_2 - P_{\text{o}}}{P_2} = \frac{150}{3150} = 0.047619 \to 4.8 \quad [\%]$$

答　$4.8\,\%$

4.5 等価回路は 1 相分を表している．ここでは，三相回路で測定しているので 1 相分に換算して考える．三相電力の 1/3 が 1 相の電力である．また，三相の結線を Y 形と考えると相電圧は線間電圧の $1/\sqrt{3}$ となる．線電流と各相の電流は同一である．
(1) 抵抗測定は端子間で行っているので，1 相分の抵抗は測定値の 1/2 となる．

$$r_{20} = \frac{0.822}{2} = 0.411 \quad [\Omega]$$

測定は 20℃ で行っているので，基準温度の 75℃ の抵抗値に換算する．
　式 (2.16) $r_T = r_t \cdot \dfrac{234.5 + T}{234.5 + t}$ を用いて，$r_t = 0.411, T = 75, t = 20$ より，

$$r_1 = 0.411 \times \frac{234.5 + 75}{234.5 + 20} = 0.49982 \rightarrow 0.5 \ [\Omega]$$

となる.

(2) 無負荷試験では, 回転子はほぼ同期速度で回転する. 滑り s は, ほとんど 0 と考えることができる. したがって, このときの等価回路は図 4.15 で表されると考えることができる.

式 (4.18) $P_0 = I_{0w}V_0 = g_0V_0{}^2$ を用いて,

$$g_0 = \frac{P_0/3}{V_0{}^2} = \frac{120/3}{(200/\sqrt{3})^2} = 3 \times 10^{-3} \quad [\mathrm{S}]$$

式 (4.19) $I_0 = Y_0V_0 = \sqrt{g_0{}^2 + b_0{}^2}\,V_0$ を用いて,

$$b_0 = \sqrt{\left(\frac{I_0}{V_0}\right)^2 - g_0{}^2} = \sqrt{\left(\frac{2.5}{200/\sqrt{3}}\right)^2 - (3 \times 10^{-3})^2} = 21.442 \times 10^{-3} \rightarrow 21.4 \times 10^{-3}\ [\mathrm{S}]$$

(3) 拘束試験では, 回転子が回転していないので, 滑りは 1 である. したがって, このときの等価回路は図 4.17 で表されると考えることができる.

式 (4.23) $r_2' = \frac{P_{S3}}{3I_S{}^2} - r_1$ を用いて

$$r_2' = \frac{P_{S3}/3}{I_S{}^2} - r_1 = \frac{240/3}{8^2} - 0.5 = 1.25 - 0.5 = 0.75 \quad [\Omega]$$

となり, 式 (4.24) $x_1 + x_2' = \sqrt{\left(\dfrac{V_S/\sqrt{3}}{I_S}\right)^2 - (r_1 + r_2')^2}$ を用いて

$$x_1 + x_2' = \sqrt{\left(\frac{V_S/\sqrt{3}}{I_S}\right)^2 - (r_1 + r_2')^2} = \sqrt{\left(\frac{40/\sqrt{3}}{8}\right)^2 - 1.25^2} = 2.602 \rightarrow 2.6 \quad [\Omega]$$

となる.

以上の結果から等価回路は解図 4.1 に示すようになる.

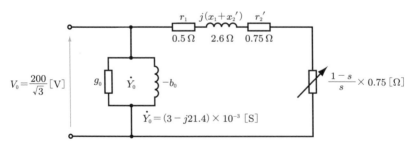

解図 4.1

4.6 (1) 同期速度は式 (4.3) で与えられる.

$$N_0 = \frac{120 \cdot f}{P} \quad [\mathrm{min}^{-1}]$$

与えられた数値を代入すると, 次のようになる.

$$N_0 = \frac{120 \times 50}{4} = 1500\,[\text{min}^{-1}]$$

 $1500\,\text{min}^{-1}$

別解として $25\,[\text{s}^{-1}]$ または $50\pi\,[\text{rad/s}]$.

(2) 誘導電動機の速度は式 (4.38) で与えられる.

$$N = \frac{120 \cdot f}{P}(1 - s)\quad[\text{min}^{-1}]$$

与えられた数値を代入すると，次のようになる.

$$N = \frac{120 \times 50}{4}(1 - 0.03) = 1455\quad[\text{min}^{-1}]$$

 $1455\,\text{min}^{-1}$

別解として $24.25\,[\text{s}^{-1}]$ または $48.5\pi\,[\text{rad/s}]$.

(3) 2 次巻線を流れる電流の周波数は式 (4.9) で与えられる. $f_2 = sf$. したがって

$$f_2 = 0.03 \times 50 = 1.5\quad[\text{Hz}]$$

答　 $1.5\,\text{Hz}$

第5章

5.1 同期発電機は同期速度で回転する. 極数と同期速度の関係は，式 (5.4) で表される.

$$N_0 = \frac{120f}{P}\,[\text{min}^{-1}] = \frac{2f}{P}\quad[\text{s}^{-1}]$$

極数	2	4	6	8	10	12
回転数 $[\text{min}^{-1}]$	3000	1500	1000	750	600	500
回転数 $[\text{s}^{-1}]$	50	25	16.7	12.5	10	8.33

極数は，N 極と S 極が 1 組で 2 極である. 極数は，4 極 6 極…と偶数になることに注意すること. 3 極などの奇数の極数はありえない.

5.2 発電機の定格出力容量は皮相電力を用いて次のように表される.

$$P\,[\text{VA}] = \sqrt{3}V \cdot I \qquad \text{ここで，} V \text{は線間電圧}$$

したがって，この発電機の定格電流は

$$I = \frac{P}{\sqrt{3}V} = \frac{10000 \times 10^3}{\sqrt{3} \times 6 \times 10^3} = 962.25 \to 962\quad[\text{A}]$$

となる. 発電機の出力電力 $P_{\text{out}}\,[\text{W}]$ は，皮相電力 P と力率を用いて次のように表される.

$$P_{\text{out}} = P\cos\theta = 8000\quad[\text{kW}]$$

効率は，W で表された入力と出力の比なので，

$$\eta = \frac{P_{\text{out}}}{P_{\text{in}}}$$

より，次のようになる.

$$P_{\text{in}} = \frac{P_0}{\eta} = \frac{8000}{0.98} = 8163.2 \to 8160\quad[\text{kW}]$$

答　出力電流は 962 A，発電機へ入力する機械的な動力は 8160 kW

⚠ 発電機出力は皮相電力「**VA**」で表されており，求められている答えは発電機の機械的動力 [**W**] であることに注意すること.

5.3　(1) 発電機の出力容量は次のように表される.

$$P\,[\mathrm{VA}] = \sqrt{3}V \cdot I \qquad \text{ここで } V \text{ は線間電圧}$$

したがって, 定格電流は次のようになる.

$$I_N = \frac{P}{\sqrt{3}V} = \frac{5000 \times 10^3}{\sqrt{3} \times 6 \times 10^3} = 481.13 \to 481 \quad [\mathrm{A}]$$

答　481 A

(2) 短絡比 K_s は式 (5.7) により求めることができる.

$$K_s = \frac{I_{f_1}}{I_{f_2}} = \frac{200}{160} = 1.25$$

答　1.25

(3) 同期リアクタンスは, 抵抗を無視すれば同期インピーダンスと考えることができる.
　式 (5.10) に示すように, 短絡比の逆数は単位法で求めた同期インピーダンスなので,

$$\frac{1}{K_s} = \frac{1}{1.25} = Z_s \quad [\mathrm{PU}]$$

となる. 単位法で表した同期インピーダンスは式 (5.8) に示すように

$$Z_s\,[\mathrm{PU}] = \frac{\text{同期インピーダンス}\,[\Omega]}{\text{基準インピーダンス}\,[\Omega]}$$

である. 基準インピーダンス $Z_N\,[\Omega]$ は, 式 (5.9) に示すように定格電圧, 定格電流から求められるので, 次のようになる.

$$Z_N\,[\Omega] = \frac{V_N\,[\mathrm{V}]}{I_N\,[\mathrm{A}]}$$

したがって, 同期リアクタンス $[\Omega]$ は次のようになる.

$$x_s\,[\Omega] \approx Z_s\,[\Omega] = \frac{1}{K_s} \cdot \frac{V_N}{I_N} = \frac{1}{1.25} \times \frac{6000}{\sqrt{3} \times 481} = 5.7615 \to 5.76 \quad [\Omega]$$

答　5.76 Ω

5.4　力率 $=1$ のときのフェーザは, 解図 5.1 (図 5.14(b) 参照のこと) のようになっている. 直角三角形なので, 次の関係が得られる.

$$E_0{}^2 = V^2 + (x_s I)^2$$

あるいは, 式 (5.19) を用いて

$$V = \sqrt{E_0{}^2 - (x_s I)^2} = \sqrt{\left(\frac{210}{\sqrt{3}}\right)^2 - (4 \times 8)^2} = 116.94 \quad [\mathrm{V}]$$

となる. 得られた電圧は, 1 相分の等価回路における電機子電圧である. 端子電圧 V_3 は, 三相の線間電圧なので次のようになる.

$$V_3 = \sqrt{3} \times 116.94 = 202.54 \to 203 \quad [\mathrm{V}]$$

答　端子電圧は 203 V

5.5　問図 5.1 より次の式が得られる.

$$V\cos\delta + x_\mathrm{d} I_\mathrm{d} = E_0$$

$$V\sin\delta = x_\mathrm{q} I_\mathrm{q}$$

$$\dot{E}_0 = \frac{200}{\sqrt{3}}\,[\mathrm{V}]$$

$jx_s I = j32\,[\mathrm{V}]$

$\dot{I} = 8\,[\mathrm{A}]$　　$\dot{V}$

解図 5.1

これより

$$I_\mathrm{d} = \frac{E_0 - V\cos\delta}{x_\mathrm{d}} \tag{A.1}$$

$$I_\mathrm{q} = \frac{V\sin\delta}{x_\mathrm{q}} \tag{A.2}$$

となる．図に示した $\beta = \delta + \theta$ を用いて出力を示すと次のようになる．

$$P_\mathrm{out} = 3V \cdot I\cos\theta = 3V \cdot I\cos(\beta - \delta)$$

三角関数の差の公式を用いて

$$
\begin{aligned}
P_\mathrm{out} &= 3VI(\cos\beta\cos\delta + \sin\beta\sin\delta) \\
&= 3V\{(I\cos\beta)\cos\delta + (I\sin\beta)\sin\delta\} \\
&= 3V(I_\mathrm{q}\cos\delta + I_\mathrm{d}\sin\delta)
\end{aligned}
$$

となる．式 (A.1)，(A.2) を代入すると，

$$P_\mathrm{out} = 3V\left(\frac{V\sin\delta}{x_\mathrm{q}}\cos\delta + \frac{E_0 - V\cos\delta}{x_\mathrm{d}}\sin\delta\right)$$

となる．三角関数の 2 倍角の公式を使って整理すると次のようになる．

$$P_\mathrm{out} = 3\frac{V \cdot E_0}{x_\mathrm{d}}\sin\delta + \frac{3}{2}V^2\frac{x_\mathrm{d} - x_\mathrm{q}}{x_\mathrm{d}x_\mathrm{q}}\sin 2\delta$$

5.6　ローラーの回転の速さは自転車のタイヤの回転の速さと同じである．自転車が $10\,\mathrm{km/h}$ で走行しているとき，タイヤの接地面の周速 $v\,[\mathrm{m/s}]$ は次のようになる．

$$v = \frac{10 \times 10^3}{60 \times 60} = 2.7778 \quad [\mathrm{m/s}]$$

ローラーがタイヤの外周に接しているとするとローラーの周速はこれに等しい．このときローラーの毎分回転数は次のようになる．

$$N = \frac{2.7778}{3 \times 10^{-2} \times \pi} \times 60 = 1768.5 \to 1769 \quad [\mathrm{min}^{-1}]$$

発電機は同期発電機なので同期速度と極数の関係は次の式で表され，発電周波数は次のようになる．

$$N = \frac{120f}{P}$$

$$f = \frac{NP}{120} = \frac{1768.5 \times 6}{120} = 88.425 \to 88.4 \quad [\mathrm{Hz}]$$

 **答**　$1769\,\mathrm{min}^{-1}$，　$88.4\,\mathrm{Hz}$

5.7 (1) 短絡試験で測定した電流は，定格電機子電流のときの界磁電流となるので，このまま短絡比の計算に使える．短絡比 K_s は次のようになる．

$$K_s = \frac{I_{f_1}}{I_{f_2}} = \frac{2.84}{2.20} = 1.2909 \rightarrow 1.29$$

 1.29

(2) まず定格電流 I_N を求めてみる．

$$I_N = \frac{P_0/3}{V_N/\sqrt{3}} = \frac{P_0}{\sqrt{3}V_N} = \frac{45 \times 10^3}{\sqrt{3} \times 220} = 118.09 \rightarrow 118 \quad [\mathrm{A}]$$

P_0 は，三相分の定格出力なので 3 で割る．V_N は，定格端子電圧なので 1 相分に換算する．

同期リアクタンスは，抵抗を無視すれば同期インピーダンスと考えることができる．短絡比の逆数は，単位法で求めた同期インピーダンスなので，

$$\frac{1}{K_s} = \frac{1}{1.29} = Z_s \quad [\mathrm{PU}]$$

となる．単位法で表した同期インピーダンスは

$$Z_s\,[\mathrm{PU}] = \frac{同期インピーダンス\,[\Omega]}{基準インピーダンス\,[\Omega]}$$

となる．基準インピーダンス $Z_N\,[\Omega]$ は定格電圧，定格電流から求められるので

$$Z_N\,[\Omega] = \frac{V_N\,[\mathrm{V}]}{I_N\,[\mathrm{A}]} = \frac{220}{\sqrt{3} \times 118} = 1.0764 \quad [\Omega]$$

となる．したがって，同期リアクタンス $[\Omega]$ は次のようになる．

$$x_s \approx Z_s\,[\Omega] = \frac{1}{K_s} \cdot Z_N = \frac{1}{K_s} \cdot \frac{V_N}{I_N} = \frac{1}{1.2909} \times \frac{220}{\sqrt{3} \times 118} = 0.83385 \rightarrow 0.834 \quad [\Omega]$$

答 $0.834\,\Omega$

第 6 章

6.1 (1) 同期機は同期速度で運転するので，同期速度を示す式 (5.4) を用いて回転数を求める．

$$N_0 = \frac{120f}{P} = \frac{120 \times 50}{8} = 750 \quad [\mathrm{min}^{-1}]$$

答 $750\,\mathrm{min}^{-1}$

(2) 問題で与えられた電圧は線間電圧なので，それぞれ相電圧に換算し，式 (6.2) を用いる．

$$\begin{aligned}
P_{\mathrm{out}} &= 3\frac{V \cdot E_0}{x_s}\sin\delta \\
&= 3\frac{(200/\sqrt{3}) \cdot (160/\sqrt{3})}{4.6} \cdot \sin\frac{\pi}{6} \\
&= 3478.2 \rightarrow 3480 \quad [\mathrm{W}]
\end{aligned}$$

答 $3480\,\mathrm{W}$

(3) 効率は式 (2.18) を用いて求める．

$$\eta = \frac{P_{\mathrm{out}}}{P_{\mathrm{in}}} \times 100 = \frac{3478.2}{3821} \times 100 = 91.029 \rightarrow 91.0 \quad [\%]$$

答 $91.0\,\%$

6.2　単位法の定義（式 (5.9)）から次の関係がわかる.

$$Z_N = \frac{V_N}{I_N} = \frac{6600/\sqrt{3}}{100} = 38.11 \quad [\Omega]$$

抵抗を無視しているので，式 (5.10) は次のように表すことができる.

$$x_s\,[\mathrm{PU}] = \frac{x_s\,[\Omega]}{Z_N\,[\Omega]}$$

したがって

$$x_s\,[\Omega] = Z_N\,[\Omega] \cdot x_s\,[\mathrm{PU}] = 38.11 \times 1.2 = 45.73 \quad [\Omega]$$

となる.

　電機子電流がほぼゼロになるように界磁電流を調整したので V 曲線の最下部であり，力率は 1 と考えることができる. したがって，端子電圧と無負荷誘導起電力は等しいと考える.

$$E_0 = V_N = V = \frac{6600}{\sqrt{3}}$$

したがって，式 (6.4) を用いて次のようになる.

$$T = 3 \times \frac{1}{\omega_0} \times \frac{V E_0}{x_s} \sin\delta$$

$$= 3 \times \frac{1}{2\pi \times \dfrac{2 \times 50}{6}} \times \frac{(6600/\sqrt{3})^2}{45.73} \times \frac{1}{2} = 4548.0 \to 4548 \quad [\mathrm{N\,m}]$$

6.3　出力は式 (6.2) より

【答】 4548 N m

$$P_{\mathrm{out}} = 3\frac{V \cdot E_0}{x_s} \sin\delta$$

となる. したがって，

$$P_0 = 3\frac{(6600/\sqrt{3}) \cdot (6000/\sqrt{3})}{12} \sin 30° = 1650 \quad [\mathrm{kW}]$$

　電機子抵抗を無視すると，フェーザ図は解図 6.1（図 6.4(a) 参照）のようになる.

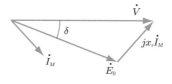

解図 6.1

　この図より $\dot{V}$, $\dot{E}_0$, $jx_s\dot{I}_M$ は三角形になるので，余弦定理を用いると次のように求めることができる.

$$x_s I_M = \sqrt{V^2 + E_0{}^2 - 2V E_0 \cos\delta}$$

これより，次のようになる.

$$I_M = \frac{1}{12}\sqrt{\left(\frac{6600}{\sqrt{3}}\right)^2 + \left(\frac{6000}{\sqrt{3}}\right)^2 - 2 \times \frac{6600}{\sqrt{3}} \times \frac{6000}{\sqrt{3}} \times \frac{\sqrt{3}}{2}}$$

$$= 159.36 \to 159.4 \quad [\text{A}]$$

答 1650 kW, 159.4 A

6.4 (1) 同期速度の式より

$$N_0 = \frac{120f}{P}$$

$$f = \frac{P \times N_0}{120} = \frac{6 \times 1500}{120} = 75 \quad [\text{Hz}]$$

答 75 Hz

(2) $1200\,\text{min}^{-1}$ で駆動するための電源周波数は前問と同様に求めると,

$$f = \frac{P \times N_0}{120} = \frac{6 \times 1200}{120} = 60 \quad [\text{Hz}]$$

となる. 誘導起電力は速度に比例するので, 60 Hz のときの 1 相分の誘導起電力は次のようになる.

$$E_{60} = \frac{100}{\sqrt{3}} \times \frac{60}{75} = 46.188 \quad [\text{V}]$$

同期リアクタンスも周波数に比例するので 60 Hz のときのリアクタンスは,

$$x_{s60} = 4.47 \times \frac{60}{75} = 3.576 \quad [\Omega]$$

となる. 端子電圧は変わらないので, 式 (6.2) より

$$P_{\text{out}} = 3\frac{V \cdot E_{60}}{x_{s60}} \sin \delta_{60}$$

$$\sin \delta_{60} = \frac{P_{\text{out}}}{3} \cdot \frac{x_{s60}}{V \cdot E_{60}} = \frac{1000}{3} \times \frac{3.576}{(200/\sqrt{3}) \times 46.188} = 0.22350$$

$$\delta_{60} = \sin^{-1} 0.22350 = 12.915° \to 12.9°$$

となる. 電流は抵抗を無視しているので, 前問の解図 6.1 と同様に考えて,

$$x_{s60}I_M = \sqrt{V^2 + E_{60}{}^2 - 2V E_{60} \cos \delta_{60}}$$

より $\cos(12.915°) = 0.9747$ なので, 次のようになる.

$$I_M = \frac{1}{3.576}\sqrt{\left(\frac{200}{\sqrt{3}}\right)^2 + (46.188)^2 - 2 \times \frac{200}{\sqrt{3}} \times 46.188 \times 0.9747}$$

$$= 19.911 \to 19.9 \quad [\text{A}]$$

答 周波数は 60 Hz, 電流は 19.9 A, 内部相差角は 12.9 度である.

6.5 S_1, S_2, S_3 の順にオンしてゆくと回転子は 90 度回転する, すなわち各スイッチが 1 回オンすると 1/4 回転する. 各スイッチが 4 回ずつオンすると 1 回転する. したがって,

$$\frac{240}{60} \times 4 = 16 \quad [\text{Hz}]$$

答 16 Hz

別解 式 (6.8) を使用する. スイッチが 1 回オンするごとに 30 度動くので $\theta_s = 30°$ である.

$$N = \frac{60f}{360/\theta_s} = \frac{1}{6}f \cdot \theta_s$$

$$f = \frac{6N}{\theta_s} = \frac{6 \times 240}{30} = 48 \quad [\text{Hz}]$$

スイッチは 3 個あるので各スイッチの周波数は $48/3 = 16$ 　[Hz]

第 7 章

7.1　(1) 式 (1.3) を使う.

$$F = BIl = 0.1 \times 20 \times 0.15 = 0.3 \quad [\text{N}]$$

　0.3 N

(2) 解図 7.1 に示すようにフレミングの左手の法則により説明される方向である.

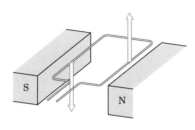

解図 7.1

(3) 式 (7.5) を用いて次のように求める.

$$T = F \cdot \frac{D}{2} = 0.3 \times 0.05 = 0.015 \quad [\text{N m}]$$

　0.015 N m

(4) 解図 7.2 参照.

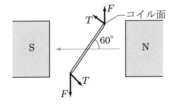

解図 7.2

(5) トルクは,発生する力の接線方向の成分なので $\sin\theta$ の成分である.

$$T' = T \sin 30° = 0.015 \times 0.5 = 7.5 \times 10^{-3} \quad [\text{N m}]$$

　7.5×10^{-3} N m

7.2　(1) 直流機の電圧方程式,式 (7.7) を用いる.

$$V = E + rI$$

$$100 = E + 0.2 \times 20$$

したがって,誘導起電力は,次のようになる.

$$E = 100 - 4 = 96 \quad [\text{V}]$$

回転数と誘導起電力の関係は，式 (7.3) に示されており，

$$E = K_E \omega$$

$$96 = K_E \times 15.8$$

となる．したがって

$$K_E = 6.0759 \to 6.08 \quad [\text{V s/rad}]$$

答 $E = 96\,\text{V}, \quad K_E = 6.08\,\text{V s/rad}$

(2) トルク定数は式 (7.5) に示されており，次のようになる．

$$T = K_T I$$

SI 単位系を用いているので，$K_T = K_E$ である．

$$T = 6.0759 \times 20 = 121.52 \to 122 \quad [\text{N m}]$$

答 $122\,\text{N m}$

(3) トルクは電流に比例する．負荷トルクが 2 倍になると電流が 2 倍になるので $I = 40\,\text{A}$ である．したがって，電圧方程式は $100 = E + 0.2 \times 40$ となるので，$E = 92\,[\text{V}]$ となる．

回転数は式 (7.3) を用いて

$$E = K_E \omega, \quad \omega = \frac{92}{6.0759} = 15.142 \to 15.1\,[\text{rad/s}]$$

となる．毎分回転数 N を求めると

$$N = \frac{\omega \times 60}{2\pi} = \frac{15.142 \times 60}{2\pi} = 144.60 \to 145 \quad [\text{min}^{-1}]$$

答 $I = 40\,\text{A}, \quad n = 15.1\,\text{rad/s}$

別解 $145\,\text{min}^{-1}$

7.3 現在の運転状態は，式 (7.7) にブラシの電圧降下を追加して次のように表される．

$$V = V_B + E + r_a I_a$$

ここで，V_B はブラシの電圧降下である．この式より誘導起電力を求めることができる．

$$E = 200 - 2 - 0.03 \times 280 = 189.6 \quad [\text{V}]$$

したがって，回転数を min^{-1} とした起電力定数は

$$K_E = 189.6/800 = 0.237 \quad [\text{V min}]$$

となる．

400 min^{-1} で運転している状態を考える．負荷トルクは回転数の 2 乗に比例するので，400 min^{-1} では 800 min^{-1} のときの 1/4 の負荷トルクとなる．電流はトルクに比例するので，このとき電機子電流も 1/4 となる．

$$I_{400} = 280/4 = 70 \quad [\text{A}]$$

このときの端子電圧は電圧方程式 $V = V_B + E + r_a I_a$ の関係を用いて

$$V_{400} = 2 + 0.237 \times 400 + 0.03 \times 70 = 98.9 \quad [\text{V}]$$

と求めることができる．

答 $98.9\,\text{V}$

7.4　SI 単位系では電動機の機械的出力 P_M は，式 (2.4) から

$$P_M = T \cdot \omega = K_T \cdot I \cdot \omega$$

と表されるので $K_T = \dfrac{P_M}{I \cdot \omega}$ となる.

　電気的入力 P_E は

$$P_E = E \cdot I = K_E \cdot \omega \cdot I$$

なので，$K_E = \dfrac{P_E}{I \cdot \omega}$ である.

　したがって，$K_T = K_E$ となる.

7.5　(1) 電源を供給せずに外部から回転させた場合，$I_a = 0$ であるから，式 (7.9) $V_a = K_E\omega + r_a I_a$ は

$$V_a = K_E\omega$$

となる. したがって，この運転状態からは次のように起電力定数を求めることができる.

$$K_E = \frac{V_a}{\omega} = \frac{97}{2000 \times 2\pi/60} = 0.46315 \to 0.463\,[\mathrm{V\,s/rad}]$$

SI 単位系を用いているので $K_E = K_T$ なのでトルク定数は次のようになる.

$$K_T = 0.463 \quad [\mathrm{N\,m/A}]$$

　　0.463 N m/A

(2) まず，4 N m の負荷を駆動しているときの電機子電流を求める.

$$T = K_T I_a$$

より

$$I_a = \frac{T}{K_T} = \frac{4}{0.46315} = 8.6365 \quad [\mathrm{A}]$$

となる. このときの端子電圧を求めるためには，電機子抵抗を求める必要がある.

　回転子を拘束した状態では回転していないので $\omega = 0$ であり，誘導起電力は発生しない. したがって，式 (7.9) $V_a = K_E\omega + r_a I_a$ の式は $V_a = r_a I_a$ と表される.

　これより

$$r_a = \frac{V_a}{I_a} = \frac{17}{5} = 3.4 \quad [\Omega]$$

となる. これらの求めた数値を式 (7.9) に代入すると,

$$V_a = 0.46315 \times 800 \times \frac{2\pi}{60} + 3.4 \times 8.6365 = 68.164 \to 68.2 \quad [\mathrm{V}]$$

となる.

　　68.2 V

さくいん

著者略歴

森本 雅之（もりもと・まさゆき）

1975 年　慶應義塾大学工学部電気工学科卒業
1977 年　慶應義塾大学大学院修士課程修了
1977 年〜2005 年　三菱重工業(株)勤務
1990 年　工学博士（慶應義塾大学）
1994 年〜2004 年　名古屋工業大学非常勤講師
2005 年〜2018 年　東海大学教授

著書『電気自動車』（森北出版）で 2011 年(社)電気学会第 67 回電気学術
振興賞著作賞を受賞.

編集担当　藤原祐介（森北出版）
編集責任　富井　晃（森北出版）
組　版　ウルス
印　刷　丸井工文社
製　本　同

よくわかる電気機器（第2版）　　　　　　© 森本雅之　2020

2012 年 3 月 30 日　第 1 版第 1 刷発行　　　【本書の無断転載を禁ず】
2020 年 2 月 20 日　第 1 版第 7 刷発行
2020 年 6 月 29 日　第 2 版第 1 刷発行
2024 年 2 月 10 日　第 2 版第 4 刷発行

著　　者　森本雅之
発 行 者　森北博巳
発 行 所　森北出版株式会社
　　　　　東京都千代田区富士見 1-4-11 （〒102-0071）
　　　　　電話 03-3265-8341／FAX 03-3264-8709
　　　　　https://www.morikita.co.jp/
　　　　　日本書籍出版協会・自然科学書協会　会員
　　　　　JCOPY ＜（一社）出版者著作権管理機構　委託出版物＞

落丁・乱丁本はお取替えいたします.

Printed in Japan／ISBN978-4-627-74332-8

MEMO

MEMO

MEMO

MEMO

MEMO